Alle
Sportwagen
die man kennen muss

Alle
Sportwagen
die man kennen muss

© Naumann & Göbel Verlagsgesellschaft mbH
Autor: Reinhard Lintelmann
Coverfoto: dpa
Gesamtherstellung: Naumann & Göbel Verlagsgesellschaft mbH
Alle Rechte vorbehalten
ISBN 978-3-625-12039-1
www.naumann-goebel.de

Inhalt

Vorwort 6
Glänzende Pracht aus vergangener Zeit

1905–1945
Die Liebe zu alten Autos ist ungebrochen 14
Faszination auf vier Rädern

1945–1970
Oldtimerleidenschaft: 52
von günstig bis exklusiv
Kultobjekte der Automobilgeschichte

1970–2000
Intelligente Technik und modernes Design 144
Auf dem Weg zu mehr Leistung

2000 bis heute
Die schnellsten, teuersten und 214
verrücktesten Modelle
Automarken und ihr Image

Register 284
Bildnachweis 288

Vorwort

Glänzende Pracht aus vergangener Zeit

Sportwagen vereinen Geschwindigkeit, sportliche Eleganz und hohe Ingenieurskunst. Sie sind das Highlight jeder Automobilmesse, nach dem sich gestandene Automobilliebhaber ebenso sehnen wie junge. Während sich Oldtimersammler längst vergessene Markennamen wie Bizzarrini oder Lagonda auf der Zunge zergehen lassen, schwärmt schon die Jugend von Ferrari, Jaguar und Lamborghini.

1914 stellt Fiat mit dem Modell 14 B Corsa einen in erster Linie für den Wettbewerbssport konzipierten Wagen auf die Räder. Um Gewicht sparen zu können, wird bei dieser Variante unter anderem auf eine vollwertige Karosserie und Kotflügel verzichtet.

*Jaguars SS 100 ist in vielerlei Hinsicht ein „Milestone-Car".
Die in seiner Hubraumklasse erzielbare Höchstgeschwindigkeit von 100 mph (ca. 160 km/h) ist für damalige Verhältnisse sensationell – Grund genug, diesen Wert dezent in die
Modellbezeichnung aufzunehmen.*

Bei all der Schwärmerei und Sammelleidenschaft bleibt allerdings die Frage: „Was eigentlich ist ein Sportwagen?"
Eine offizielle Definition für diesen Begriff gibt es ebenso
wenig wie eine einhellige Antwort auf die Frage, wann es
den ersten Sportwagen gab. Nicht wenige Chronisten vertreten die Meinung, dass bereits 1906 Sportwagengeschichte geschrieben wurde: An einem Junitag dieses Jahres fand nämlich zum ersten Mal ein automobilsportlicher

Vorwort

Railton brachte 1937 mit dem „Light Sports" einen elegant gezeichneten Zweisitzer auf den Markt. Angetrieben wurde der beeindruckende Wagen von einem 4,2 Liter großen Reihen-Achtzylinder-Motor. Bei dem seidenweich arbeitenden Aggregat handelte es sich übrigens um einen Großserienmotor der Marke Hudson.

Wettbewerb um den „Großen Preis" (Grand Prix) statt. Ort des Geschehens war der Rundkurs von Le Mans, der bis heute eine Vorrangstellung im Wettbewerbssport einnimmt.

Das Rennen um den „Großen Preis" zeigte, wie wichtig es bereits damals für einen Automobilhersteller war, sich im Motorsport zu präsentieren. Eine aktive Teilnahme ließ die Verkaufszahlen beachtlich in die Höhe steigen, und von den im Rennsport gewonnenen Erkenntnissen konnte die technische Weiterentwicklung der Serienfahrzeuge nur profitieren. Zur Zeit des Ersten Weltkrieges arbeitete unter der Haube vieler Modelle dank der Verwendung moderner Technologien bereits ein fortschrittlicher Motor, wie man ihn zehn Jahre zuvor kaum hätte herstellen können. Spätestens jetzt begann der Kampf um Leistung und Höchstgeschwindigkeit. Als in den 1920er Jahren das Reglement des begrenzten Hubraums in Kraft trat, war den Konstrukteuren jedes Mittel recht, um auch das letzte PS aus einem Aggregat herauskitzeln zu können – Automobile mit aufgeladenen Kompressormotoren dröhnten aber nicht nur über die Rennstrecken: Auch „Privatfahrer", die es sich leisten konnten, bewegten gern einen Aufsehen erregenden Sportwagen. Sportwagen der Marken Alfa Romeo, Bentley, Bugatti und Mercedes-Benz zählten eindeutig zu den automo-bilen Highlights der späten 1920er und frühen 1930er Jahre. Neben diesen „großen" Marken sorgten noch mehrere Dutzend anderer Hersteller für Gesprächsstoff, die ebenfalls interessante Sportwagen entwickelten. Zugegeben, die dort eingesetzte Technik entsprach nicht immer dem, was eine sportlich gezeichnete Karosserielinie erwarten ließ. Trotzdem ließen sich Automobile unterer Hubraumklassen (beispielsweise BMW, Fiat oder MG) hervorragend verkaufen – Hauptsache, die Optik stimmte.

Während die etablierten und großen Marken in den 1930er Jahren weiterhin Hubraumriesen entwickelten, erfreuten sich vor allem in Großbritannien kleinere Sportwagenmodelle großer Beliebtheit. Abgesehen vom noblen Aston Martin, Bentley oder Jaguar, etablierten sich auf der Insel mehr und mehr die preisgünstigen Roadster vom Schlage eines MG, Morgan oder Triumph. Die niedrige und häufig weit nach hinten verlagerte Sitzposition vermittelt bei diesen Modellen ein nur schwer in Worte zu fassendes

Vorwort

Fahrgefühl. Die Historie vieler typisch britischer Sportwagen begann oft in der Hinterhofwerkstatt, was ihrem Verkaufserfolg und ihrer Beliebtheit aber keinen Abbruch tat
– im Gegenteil.

Nach dem Zweiten Weltkrieg war das Automobil zunächst
wieder nur Fortbewegungs- und Transportmittel. Anstelle
hochkarätiger Sportwagen rollten hauptsächlich preisgüns-
tige Kleinwagen und Transporter vom Band – elegante
Cabriolets und Coupés findet man bis in die frühen 1950er
Jahren recht selten. Dann aber kamen sie endlich – die Traum-
autos, auf die man lange gewartet hatte. Für die meisten
blieben sie trotzdem eine Illusion, denn nur wenige Besser-

*Zu den wenigen in der Schweiz angesiedelten Automobil-
herstellern zählt die Marke Monteverdi. Firmenchef Peter
Monteverdi gelingt in den 1960er und 1970er Jahren
eine gekonnte Symbiose italienischen Karosseriedesigns
und amerikanischer Großserientechnik. Der Motor, ein bul-
liger V8-Zylinder – kam von Chevrolet.*

Unter der Haube des Ferrari 250 GT Spyder California arbeitet Technik vom Feinsten: Die 12 Zylinder des 280 PS starken Motors sind in V-Form angeordnet. Der Wagen, der 1957 debütierte, galt in der Fachpresse als eines der schönsten und exklusivsten – aber auch teuersten Modelle, seiner Zeit.

verdiener waren in der glücklichen Lage, sich einen 300 SL Flügeltürer in die Garage stellen zu können. Trotzdem wurde weiter geträumt. Sportlich „verpackt" war die Edelausgabe des VW-Käfers sicherlich, aber ihre Fahrleistungen ließen zu wünchen übrig. Kurzum: Nicht jedes sportlich aussehende Automobil war ein „echter" Sportwagen, auch wenn die Werbung dies suggerieren wollte.

Wie in England zur Zeit der späten 1930er Jahre verstanden manche Automobilhersteller bereits einen offenen, niedrigen Zweisitzer oder ein schnittig gestyltes Coupé unabhängig von der Motorleistung schon als Sportwagen. Aber es gab Ausnahmen. Hersteller wie Ferrari, Jaguar oder Porsche – um nur einige zu nennen – definierten völlig anders. Ihrer Vorstellung nach konnte man einen richtigen Sport-

Vorwort

Für das „Museum of Modern Art" in New York ist der Lamborghini Miura (Bj. 1966) kein Automobil im herkömmlichen Sinne. Dort betrachtet man den Klassiker als Kunstobjekt auf Rädern. Mit etwas Glück könnte es wieder eine Neuauflage des Miura geben – ein Prototyp im Retrodesign wurde 2006 vorgestellt.

wagen nur mit Hilfe eines robusten Unterbaus konstruieren. Das Fahrvergnügen wurde von Motorleistung, Geschwindigkeit und Straßenlage bestimmt. All das hatte natürlich seinen Preis, weshalb weiterhin eine Nachfrage nach sportlichen Modellen im unteren Preissegment bestand.

Während in den 1950er Jahren nur eine begrenzte Käuferschicht bereit war, ihr Erspartes in einen teuren Sportwagen zu investieren, sah das ein Jahrzehnt später schon ganz anders aus. Automobil-Liebhaber, die über Platz und das entsprechende Finanzpolster verfügten, begannen nun, die Klassiker von einst zu suchen, zu restaurieren, zu sammeln und zu fahren. Viele dieser frühen Sammlungen existieren inzwischen nicht mehr, denn die Szene hat sich gründlich verändert. Wer heute einen Klassiker erwirbt, spielt durchaus mit dem Gedanken, sein Geld darin gewinnbringend anzulegen. Ob allerdings die Rechnung aufgeht, mit einem Oldtimer das schnelle Geld zu machen, bleibt ungewiss.

Eine interessante Begleiterscheinung der Sammelleidenschaft ist der Umstand, dass in den letzten Jahren in zunehmendem Maße viele automobilhistorisch bedeutsame Wagen wieder aufgetaucht sind, von deren Existenz selbst Insider der Szene kaum mehr eine Ahnung hatten. Viele solcher Funde haben in sehr kurzer Zeit mehrfach ihren Besitzer gewechselt. Für den Anbieter hat sich als angenehme Begleiterscheinung der Wert vieler Raritäten in kürzester Zeit mehr als verdoppelt und es sieht so aus, als würde dieser Boom weiter anhalten.

Ob es sinnvoll ist, in einen aktuellen Sportwagen oder in einen Oldtimer zu investieren, mag also dahingestellt bleiben. Für den ernsthaften Sammler allerdings steht hauptsächlich sowieso die Faszination von Technik und Design im Vordergrund – nicht die mögliche Wertsteigerung. Die Automobilindustrie hat die Marktlage gut erkannt. Seit Jahren schon schrauben die Hersteller von Luxuswagen ihre Stückzahlen permanent in die Höhe und sorgen dafür, dass der Markt boomt. Der Nachschub an Klassikern bleibt somit gesichert, denn Oldtimer „wachsen" nach.

Die Liebe zu alten Autos ist ungebrochen
Faszination auf vier Rädern

Vor mehr als 100 Jahren, am 27. Juni 1906, gewann ein Renault-Sportwagen den ersten Grand Prix der Welt. Mit dem Triumph beim „Großen Preis von Frankreich" legte aber nicht nur Renault den Grundstein für eine andauernde Erfolgsgeschichte in Sachen Motorsport. Auch andere Automobilhersteller erkannten schnell den Imagegewinn, der ihnen die Teilnahme am Wettbewerbssport einbrachte.

Motor und Aufbauten früher Grand-Prix-Wagen ruhten lange Zeit auf einem schweren, konventionell genieteten Stahlrahmen. Diese Autos unterschieden sich – von Hubraum und Leistung vielleicht abgesehen – somit kaum von den Modellen, die der Privatfahrer auf der Straße bewegte. Erst später hoben sich Wettbewerbsfahrzeuge in einigen Punkten von den Straßenversionen ab. Sie profitierten von zahlreichen technischen Verbesserungen wie hydraulischen Stoßdämpfern oder einer Kraftübertragung an die Hinterachse per Dreiganggetriebe und Kardanwelle. Wegen der recht schmalen hinteren Spurbreite und der Streckencharakteristik mit langen Geraden und nur wenigen Kurven verzichteten die Hersteller beim Wettbewerbswagen gern auf das Differential. Auf diese Weise ließ sich zugunsten der Höchstgeschwindigkeit einiges an Gewicht sparen.

Beim Motor hatten die Konstrukteure völlig freie Hand. Die Folge war ein breit gefächertes Hubraumspektrum von anfangs bis zu 18 Liter Hubvolumen! Erst in den frühen 1920er Jahren erreichte man vergleichbare Maximalleistungen mit kleineren Aggregaten, was aber nicht das Aus der Hubraumriesen bedeutete.

Von den Automobilmarken, die bis zum Beginn des Zweiten Weltkriegs Rennsportgeschichte geschrieben haben, sind viele im Laufe der Zeit verschwunden. Hinterlassen haben sie aber jede Menge interessanter Modelle, ganz gleich ob für die Piste oder die Straße gebaut. Nicht selten sorgten mit ganz „normalen" Straßenversionen auch sportlich ambitionierte Privatfahrer für Gesprächsstoff. In den 1930er Jahren erwiesen sich dann immer mehr Sportwagen als wahre

Muster an Zuverlässigkeit. Die Rallye Monte Carlo lief auf Hochtouren und hielt sportbegeisterte Menschen in ganz Europa in Atem. Für die Bevölkerung war das berühmteste Straßenrennen der Welt eine willkommene Abwechslung, um die Probleme jener Zeit für ein paar Tage zu vergessen. Automobilhersteller verfolgten diesen Wettbewerb aus ganz anderen Gründen: Die „Monte" war eine der wichtigsten Profilierungsmöglichkeiten und wer hier gewann, konnte mit Recht auf internationales Prestige und steil ansteigende Verkaufszahlen hoffen.

Mittlerweile erkannte man aber auch, dass sich ein Sportwagen nicht nur über seine möglichst hohe Motorleistung definieren ließ, sondern auch über sein Aussehen und den Preis. Um allen Ansprüchen gerecht werden zu können und alle Käuferschichten zu erreichen, rundeten deshalb selbst bedeutende Marken ihre Modellpalette nach unten ab und konstruierten neben den großen Sechs- und Achtzylindern auch preislich interessante Alternativen mit nur vier Zylindern. Fahrzeu-

ge dieser Klasse ließen sich hervorragend verkaufen, denn mit den sportlich aussehenden Karosserieaufbauten, die die kleinen Vierzylinder besaßen, hatte man den Geschmack des automobilbegeisterten Publikums exakt getroffen. Viele dieser kleineren Wagen avancierten zu technischen Meisterstücken und revolutionierten permanent die noch junge Automobilgeschichte – noch nie zuvor hatten sich Technik und Design so harmonisch ergänzt.

Audi Alpensieger Typ C

Als August Horch 1910 die Audi-Werke gründete, stellte er auch hubraumstarke Wagen wie den Typ C auf die Räder. Solch ein Modell siegte von 1912 bis 1914 mehrfach bei der „Internationalen Österreichischen Alpenfahrt", damals eine der schwierigsten Langstreckenfahrten. Da sich Erfolge schon immer gut vermarkten ließen, kam der sportliche Wagen fortan unter der neuen Bezeichnung „Alpensieger" in den Handel.

Modell	Audi Alpensieger Typ C
Hubraum/Zylinder	3564 ccm/4 Zyl.
PS/kW	35/26
Bauzeit	1912–1921
Stückzahl	–

Modell	BMW 328
Hubraum/Zylinder	1971 ccm/6 Zyl.
PS/kW	80/59
Bauzeit	1936–1939
Stückzahl	464

In aller Stille entwickelte BMW Mitte der 1930er Jahre diesen Sportwagen, der schon bald für große Aufmerksamkeit sorgen sollte und BMW einen der vordersten Plätze in der internationalen Renngeschichte sicherte. Zwar gehörte man bereits zu den renommiertesten Automobilherstellern, doch da die Konkurrenz immer stärkere Modelle anbot, war es Zeit, mit einem eigenen Spitzenmodell zu antworten.

BMW 327

Modell	BMW 327
Hubraum/Zylinder	1971 ccm/6 Zyl.
PS/kW	55/40
Bauzeit	1937–1941
Stückzahl	1306

Um Privatfahrern einen preislich interessanten Sportwagen anbieten zu können, entwickelte BMW 1936 ein weiteres 2+2-sitziges Sportcabriolet. Dieser sogenannte BMW 327 basierte zum Teil auf dem 328, wurde aber nur mit einem 55-PS-Motor bestückt. Gegen Aufpreis war später auch das 80-PS-Aggregat zu bekommen – Fahrzeuge dieser Konfiguration kamen unter dem Kürzel BMW 327/28 auf den Markt.

Horch 670

Zu den automobilen Highlights, die die Hersteller 1931 auf dem Pariser Salon zeigten, gehörte unter anderem auch ein elegantes Sportcabriolet aus dem Hause Horch. Horch war schon immer in der Luxusklasse gut vertreten gewesen, doch was man hier präsentierte, verschlug selbst der Fachwelt den Atem: Der neue Horch 670 (Konkurrenzmodell zum Maybach Zeppelin) wurde von einem 12-Zylinder-Motor angetrieben.

Modell	Horch 670
Hubraum/Zylinder	6021 ccm/12 Zyl.
PS/kW	120/88
Bauzeit	1931–1934
Stückzahl	ca. 80

Mercedes 24/100/140 PS

1921 begann bei der Daimler-Motoren-Gesellschaft eine Epoche: Porsche perfektionierte die Kompressor-Technik und entwickelte mit dem 24/100/140 PS ein besonders sportliches Automobil. Im normalen Fahrbetrieb gab sein Sechszylinder-Motor eine Leistung von 100 PS ab, bei zugeschaltetem Kompressor wurde das Potenzial auf 140 PS erhöht.

Modell	Mercedes 24/100/140 PS
Hubraum/Zylinder	6240 ccm/6 Zyl.
PS/kW	100/73
Bauzeit	1924–1925
Stückzahl	–

Mercedes-Benz S 26/120/180 PS

Modell	Mercedes-Benz S 26/120/180 PS
Hubraum/Zylinder	6800 ccm/6 Zyl.
PS/kW	120/88
Bauzeit	1926–1930
Stückzahl	174

Einen besseren Start hätte es für den Mercedes-Benz S kaum geben können – er feierte sein Debüt beim Eröffnungsrennen des Nürburgrings und krönte das sportliche Ereignis zugleich mit einem Doppelsieg! Technisch gesehen war der „S" eine verbesserte Weiterentwicklung des Typs 630 K. Ohne Kompressoreinsatz brachte der Motor 120 PS an die Hinterachse, mit Kompressor waren es 180 Pferdestärken.

Mercedes-Benz Typ SS

Als Daimler-Benz dem Mercedes-Benz Typ S 1928 das Modell Typ SS gegenüberstellte, stand von vornherein fest, dass eine gewisse Anzahl an SS-Fahrgestellen mit Sonderkarosserien bestückt werden sollte. So hatten Kunden die Möglichkeit, ihrem SS eine ganz persönliche Note zu geben. Der hier gezeigte SS erhielt zum Beispiel einen von der italienischen Firma Castagna gefertigten Aufbau.

Modell	Mercedes-Benz Typ SS
Hubraum/Zylinder	7065 ccm/6 Zyl.
	170 (mit Kompressor 225)/
PS/kW	125 bzw. 165
Bauzeit	1928–1934
Stückzahl	115

Mercedes-Benz SSK

Modell	Mercedes-Benz SSK
Hubraum/Zylinder	7065 ccm/6 Zyl.
PS/kW	140/103
Bauzeit	1928–1932
Stückzahl	42

Ohne Zweifel war ein Mercedes-Benz SSK (= Super Sport Kurz) damals der absolute Traumwagen für sportlich ambitionierte Fahrer. Der SSK – vom Prinzip her noch immer auf dem Grundmodell Typ S (Sport) basierend – verfügte über einen besonders kurzen Radstand. Diese Eigenschaft machte ihn zu einem Sportgerät der Superlative. Rudolf Caracciola und andere Rennfahrer fuhren mit dem SSK regelmäßig Siege ein.

Mercedes-Benz Typ 500 K
Spezialroadster

Modell	Mercedes-Benz Typ 500 K Spezialroadster
Hubraum/Zylinder	5018 ccm/8 Zyl.
PS/kW	100 (mit Kompressor 160)/ 73 bzw. 117
Bauzeit	1934–1936
Stückzahl	38 Versionen auf kurzem Chassis

Für diesen zweisitzigen Traum auf Rädern verwendete Daimler-Benz ein Fahrgestell mit verkürztem Radstand, denn nur so ließ sich die Form der Roadster-Karosserie optimal proportionieren. Anders als beim „normalen" 500 K wurde der Kühler nicht vor, sondern direkt über der Vorderachse platziert.

Mercedes-Benz Typ 540 K

Wie bei Luxusautomobilen früher üblich setzte sich der Preis des Fahrzeuges aus den Kosten für das nackte Fahrgestell und den Karosserieaufbau zusammen. Eine Karosserie für den 540 K kostete im Durchschnitt etwa 22 000 Reichsmark – mehr als das Fahrgestell. Darüber hinaus erfüllte Daimler-Benz noch besondere Kundenwünsche (Ausstattung, Lackierung etc.), die den Preis abermals nach oben treiben konnten.

Modell	Mercedes-Benz Typ 540 K
Hubraum/Zylinder	5401 ccm/8 Zyl.
PS/kW	115 (mit Kompressor 180)/ 84 bzw. 132
Bauzeit	1936–1939
Stückzahl	406

Wanderer W 25 K

Bei Wanderer, einer Marke des Unternehmens Auto Union AG, entstand 1936 ein interessanter Sportwagen, der dem BMW 328 Konkurrenz machen sollte – der Typ W 25 K. Um ihn besonders agil zu machen, erhielt der Motor zur Leistungssteigerung einen ständig mitlaufenden Kompressor. Damit wurde dem Aggregat leider mehr abverlangt, als es vertragen konnte, und die Garantiefälle häuften sich.

Modell	Wanderer W 25 K
Hubraum/Zylinder	1950 ccm/6 Zyl.
PS/kW	85/62
Bauzeit	1936–1939
Stückzahl	258

Aston Martin 1.5 Litre

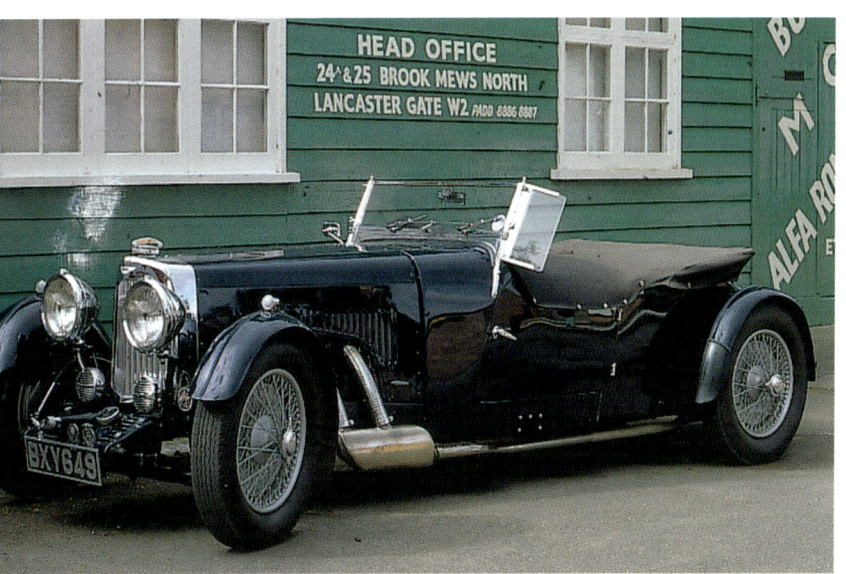

Modell	Aston Martin 1.5 Litre
Hubraum/Zylinder	1493 ccm/4 Zyl.
PS/kW	60/44
Bauzeit	1934–1936
Stückzahl	–

Lionel Martin und Richard Bamford bedienten sich für ihre Experimente der Fahrgestelle von Isotta-Fraschini, bevor sie 1922 unter dem Markennamen Aston Martin ihre ersten eigenen Vierzylinder-Wagen auf den Markt brachten.

Bentley 6 1/2 Liter

Modell	Bentley 6 1/2 Liter
Hubraum/Zylinder	6597 ccm/6 Zyl.
PS/kW	145/106
Bauzeit	1926–1930
Stückzahl	363

In den 1920er Jahren entstanden zwar viele Automobile mit traum-haften Sonderkarosserien, doch deren sportliches Äußeres konnte nicht darüber hinwegtäuschen, dass es den Fahrzeugen oft an Agilität mangelte – sie waren zu schwer. Aus diesem Grund entwickelte Bentley einen besonders kräftigen 6,5-Liter-Motor, mit dem die größeren Wagen mit langem Radstand bestückt wurden.

Bentley 4 1/2 Liter Blower

Obwohl die Bentley der 4 1/2-Liter-Klasse viele Siege einfuhren, waren diese Modelle für Spötter nichts anderes als „schnelle Lastwagen". W. O. Bentley konnte Kritik vertragen und es machte ihm Freude zu zeigen, was für ein Potenzial in seinen Wagen steckte. Mit Hilfe der Kompressor-Technik, wie sie beim „Blower-Bentley" zum Einsatz kam, entlockte er den Motoren noch mehr Power.

Modell	Bentley 4 1/2 Liter Blower
Hubraum/Zylinder	4398 ccm/4 Zyl.
PS/kW	182/133
Bauzeit	1927–1931
Stückzahl	55

Frazer Nash TT

Modell	Frazer Nash TT
Hubraum/Zylinder	1496 ccm/4 Zyl.
PS/kW	62/45
Bauzeit	1937
Stückzahl	–

Der Brite Archie Frazer-Nash baute ab 1924 sportliche Zwei-sitzer, die er als Novum mit einem „Chain Drive", einem Ketten-getriebe, ausstattete. Motoren fertigte er nicht selbst – lieber griff er auf Aggregate namhafter Hersteller zurück. Wichtig war, dass sie sich hervorragend tunen ließen. Nach dem Zweiten Weltkrieg spezialisierte sich Frazer-Nash auf den Import von BMW-Wagen.

(Jaguar) SS 1–16 HP Coupé

Die Geschichte von Jaguar begann 1922, als William Lyons die Swallow Sidecar Company gründete und sich mit dem Bau von Motorrad-Seitenwagen befasste. Als er 1928 nach Coventry umzog, wurde der Automobilbau vorbereitet, und bereits 1931 verließ der Sportwagen SS 1 die Fabrikhallen. Im Rahmen der Modellpflege erhöhte man bald die Motorleistung und rundete die Modellpalette nach oben hin ab.

Modell	SS 1–16 HP Coupé
Hubraum/Zylinder	2054 ccm/6 Zyl.
PS/kW	48/35
Bauzeit	1931–1936
Stückzahl	4230

(Jaguar) SS 2–12 HP

Parallel zu den sechszylindrigen SS-Modellen baute Lyons diverse Vierzylinder-Wagen. Grundmodell dieser Reihe war der kleine SS 2 (9 HP). Ihn gab es bis 1933 nur als Coupé. Im Rahmen der Modellpflege wurde die Leistung permanent angehoben, später avancierte der Wagen zum Modell SS 2–12 HP. Alle ab 1932 gefertigten Modelle profitierten darüber hinaus von der Verwendung eines neuen Fahrgestells.

Modell	SS 2–12 HP
Hubraum/Zylinder	1608 ccm/4 Zyl.
PS/kW	38/28
Bauzeit	1933–1936
Stückzahl	ca. 1800

Jaguar SS 100

Modell	Jaguar SS 100
Hubraum/Zylinder	2663 ccm/6 Zyl.
PS/kW	102/75
Bauzeit	1936–1939
Stückzahl	ca. 310

1935 wurde von William Lyons der Markenname „Jaguar" eingeführt. Das erste Modell, das diesen Namen tragen durfte, war der zweisitzige Sportwagen Jaguar SS 100. Er erreichte die für damalige Verhältnisse beachtenswerte Höchstgeschwindigkeit von 160 km/h (entspricht 100 Meilen). Die erste Baureihe des SS 100 wurde mit einem 2,6-Liter-Motor bestückt – das 3,5-Liter-Aggregat war ab 1938 zu haben.

Lagonda M 45

Modell	Lagonda M 45
Hubraum/Zylinder	4467 ccm/6 Zyl.
PS/kW	140/102,5
Bauzeit	1933–1936
Stückzahl	–

Für Käufer, die etwas Besonderes suchten, hielt Lagonda ab 1933 mit dem M 45 einen außerordentlich eleganten Wagen bereit. Er machte nicht nur auf der Straße, sondern auch auf der Rennstrecke eine gute Figur. Erste Siege wurden 1934 bei der Tourist Trophy eingefahren. Ein Jahr später gewann ein M 45 bei einer Durchschnittsgeschwindigkeit von ungefähr 124 km/h die 24 Stunden von Le Mans.

Lagonda Rapide V 12

1936 überraschte Lagonda die Automobilwelt mit einem V12-Zylinder-Wagen, der auf einem völlig neu entwickelten Chassis basierte. Dieser Unterbau bestand aus einem kreuzverstrebten Rahmen und einer zusätzlichen Verstärkung im Heckbereich. Während die Hinterräder durch konventionelle Halbelliptikfedern abgestützt wurden, bekam der Wagen vorn eine höchst moderne Torsionsstabfederung.

Modell	Lagonda Rapide V 12
Hubraum/Zylinder	4480 ccm/12 Zyl.
PS/kW	175/129
Bauzeit	1938–1939
Stückzahl	189

MG Typ TA Midget

Weil MG-Modelle mit vielen Großserien-Bauteilen ausgestattet wurden, konnte das Werk seine Sportwagen zu besonders attraktiven Preisen anbieten. Man verzichtete bewusst auf eine eigene Karosseriebauabteilung und ließ die Aufbauten für 6 Pfund pro Stück von der Firma Carbodies fertigen. Luxus war kaum gewünscht, schließlich sollte ein MG ein finanziell überschaubares Vergnügen bleiben.

Modell	MG Typ TA Midget
Hubraum/Zylinder	1292 ccm/4 Zyl.
PS/kW	52/38
Bauzeit	1936–1939
Stückzahl	ca. 3000

Modell	Morgan Sports
Hubraum/Zylinder	990 ccm/2 Zyl.
PS/kW	32/23
Bauzeit	1931–1934
Stückzahl	–

Weil H.S.F. Morgan Zweiräder als zu unsicher empfand, entwarf er ein Dreirad, mit dem er den Grundstein zu einer Firma legte, die noch heute Sportwagen baut. Morgans Konzept war einfach und genial: Das Gefährt basierte auf einem aus drei Rohren bestehenden Rahmen. Ein V2-Zylinder brachte die Konstruktion in Bewegung, und je nach Motorleistung konnte man mit den „Threewheelern" sogar Rennen gewinnen.

Singer 9 HP Le Mans

Unter den sportlich konzipierten Automobilen in der Hubraumklasse bis 1 Liter genoss der Singer Le Mans einen ganz besonders guten Ruf. Das Potenzial, das in seiner kleinen Maschine steckte, war für jeden Tuner geradezu eine Herausforderung. Singer verlangte für das Wägelchen bescheidene 225 Britische Pfund – zu solch einem interessanten Kurs war selbst ein MG nicht zu haben.

Modell	Singer 9 HP Le Mans
Hubraum/Zylinder	972 ccm/4 Zyl.
PS/kW	39/29
Bauzeit	1935–1937
Stückzahl	–

Modell	Bugatti 35 A
Hubraum/Zylinder	1991 ccm/8 Zyl.
PS/kW	75/55
Bauzeit	1926–1930
Stückzahl	130

Bugattis legendärer Grand-Prix-Wagen, der Typ 35, basierte auf einem sich nach hinten hin verjüngenden Fahrgestell. Dadurch erhielt der Wagen seine markante Heckpartie, das sogenannte „Bootsheck". Vorn platzierte man stets einen hufeisenförmigen Kühler, dessen Form den Modellen entsprechend leicht variiert wurde. Für Privatfahrer hielt Bugatti als Alternative den Typ 35 A bereit.

Bugatti Typ 57

Modell	Bugatti Typ 57
Hubraum/Zylinder	3257 ccm/8 Zyl.
PS/kW	135/99
Bauzeit	1934–1940
Stückzahl	ca. 700 (gesamte Baureihe)

Mit der Entwicklung des Typs 57 begann bei Bugatti eine neue Zeitrechnung, denn Ettores Sohn Jean hatte an der Konstruktion dieses Modells einen nicht unerheblichen Anteil. Das Ergebnis der Gemeinschaftsarbeit wurde von der Fachpresse positiv aufgenommen: Sie hielt den Typ 57 mit seinem kultiviert laufenden Achtzylinder-Motor für den gebrauchstüchtigsten Bugatti aller Zeiten.

Peugeot Darl'Mat Sport

Der Pariser Peugeot-Händler Emile Darl'Mat stellte 1936 einen nach seinen Vorstellungen gebauten Sportwagen auf die Räder. Als Basis diente ihm das Chassis des Peugeot 302 mit 288 Zentimetern Radstand. Angetrieben wurde der etwa 160 km/h schnelle Darl'Mat von einem getunten Vierzylinder-Motor aus dem Peugeot 402.

Modell	Peugeot Darl'Mat Sport
Hubraum/Zylinder	1991 ccm/4 Zyl.
PS/kW	87/64
Bauzeit	1936–1938
Stückzahl	3

Alfa Romeo 6 C 1750 Sport

Vittorio Jano, ein ehemaliger Fiat-Ingenieur, der später zu Alfa Romeo wechselte, entwickelte für den Modelljahrgang 1929 einen leistungsstarken Kompressor-Wagen, den Alfa Romeo 6 C 1750. Der 6 C war für den Sporteinsatz geradezu prädestiniert. Fahrer wie Campari, Nuvolari und Varzi fuhren mit ihm immer wieder Siege ein. Für Privatfahrer wurde der 6 C auf Wunsch auch ohne Kompressor geliefert.

Modell	Alfa Romeo 6 C 1750 Sport
Hubraum/Zylinder	1752 ccm/6 Zyl.
PS/kW	55/40
Bauzeit	1929–1933
Stückzahl	ca. 320 (gesamte Baureihe)

Alfa Romeo RM Sport

Modell	Alfa Romeo RM Sport
Hubraum/Zylinder	1944 ccm/4 Zyl.
PS/kW	40/30
Bauzeit	1923–1925
Stückzahl	–

Der 1922 vorgestellte Alfa Romeo RL war nicht nur das erste mit einem Sechszylinder-Motor ausgestattete Modell dieser Marke, sondern vor allem ein Automobil, an dem sportlich versierte Wettbewerbsfahrer ihre Freude hatten. Bereits ein Jahr später wurde auf Grundlage des RL der hier gezeigte RM entwickelt. Er wurde auf die Bedürfnisse des Privatfahrers abgestimmt und mit einem Vierzylinder bestückt.

Alfa Romeo 6 C 2300 MM

Modell	Alfa Romeo 6 C 2300 MM
Hubraum/Zylinder	2309 ccm/6 Zyl.
PS/kW	95/70
Bauzeit	1935–1939
Stückzahl	–

Enzo Ferrari leitete von 1929 bis 1939 bei Alfa Romeo die Rennabteilung und von den Siegen, die das Werksteam regelmäßig einfuhr, profitierte auch die Fahrzeugentwicklung. Mitten in dieser Zeit debütierte das Modell 6 C 2300, eine speziell für den Privatfahrer gebaute Modellvariante, die in den Typen Turismo, Gran Turismo und Pescara angeboten wurde.

Alfa Romeo 2300 Le Mans

Alfa Romeo stieg in den 1930er Jahren zum Inbegriff technisch anspruchsvoller und avantgardistischer Automobile auf, einer Avantgarde, die sich unter anderem in eleganten Entwürfen wie dem Alfa Romeo 2300 Le Mans manifestiert. Die Fachleute waren sich einig: „Dieser Alfa Romeo ist stilistisch und aerodynamisch seiner Zeit mindestens ein Jahrzehnt voraus".

Modell	Alfa Romeo 2300 Le Mans
Hubraum/Zylinder	2336 ccm/8 Zyl.
PS/kW	142/104
Bauzeit	1931–1934
Stückzahl	–

Fiat 508 S Balilla Sport

Mit einer Spitze von 110 km/h war Fiats Balilla Sport kein besonders schnelles Fahrzeug, aber es war sicher eines der schönsten seiner Klasse. Die zweisitzige Spider-Karosserie wurde am Zeichenbrett des Karossiers Ghia entworfen – wer noch mehr Frischluft spüren wollte, konnte die kleine Windschutzscheibe umlegen. Nach einer Motorrevision erhielten die ab 1935 gebauten Modelle 6 PS mehr Leistung.

Modell	Fiat 508 S Balilla Sport
Hubraum/Zylinder	995 ccm/4 Zyl.
PS/kW	36/26
Bauzeit	1933–1936
Stückzahl	113 145 (gesamte Baureihe)

Chrysler Imperial Speedster

Modell	Chrysler Imperial Speedster
Hubraum/Zylinder	6308 ccm/8 Zyl.
PS/kW	135/99
Bauzeit	1932
Stückzahl	–

Walter P. Chrysler beschäftigte sich von Kindesbeinen an mit Automobiltechnik. Schon als Jugendlicher setzte er erste Konstruktionspläne in die Tat um. Und Chrysler war mehr als ein begnadeter Techniker, auch von der kaufmännischen Seite des Gewerbes verstand er eine Menge. Im Alter von 36 Jahren übernahm er bei General Motors eine Führungsrolle, um dort die Buick-Abteilung auf Vordermann zu bringen.

Duesenberg SJ

Modell	Duesenberg SJ
Hubraum/Zylinder	6882 ccm/8 Zyl.
PS/kW	320/235
Bauzeit	1933–1937
Stückzahl	–

Neben Limousinen, Cabriolets und Roadstern kreierte Duesenberg auch Modelle, die in erster Linie im Wettbewerbssport die Leistungsfähigkeit der Marke unter Beweis stellen sollten. Per Kompressor-Unterstützung wurde die Motorkraft nochmals angehoben – der mit zwei obenliegenden Nockenwellen bestückte Achtzylinder erreichte dadurch eine Spitze von 208 km/h.

Cord 812

Der Cord 812 zählt zur Klasse der Luxuswagen. Hier wählte man einen V8-Motor, der zwecks Leistungssteigerung mit einem Kompressor bestückt werden konnte. Zu den Besonderheiten des Cord 812 zählte das elektromagnetische Getriebe – eine Art Halbautomatik.

Modell	Cord 812
Hubraum/Zylinder	4730 ccm/8 Zyl.
PS/kW	175/128
Bauzeit	937
Stückzahl	2320 (alle Modelle)

1945–1970

Oldtimerleidenschaft: von günstig bis exklusiv
Kultobjekte der Automobilgeschichte

Auf der Londoner Motor Show im Oktober des Jahres 1948 standen zwei neue Jaguar Sportwagen – der XK 100 und der XK 120. Ob sie in Serie gehen würden, war noch fraglich. Jaguar-Chef William Lyons wollte zunächst einmal die Resonanz des Publikums abwarten, ehe er eine Entscheidung treffen wollte. Wen wundert das: Obwohl die Automobilzeitschriften mit schöner Regelmäßigkeit wieder zunehmend über Luxuswagen berichteten, war die Stimmung in vielen Ländern Europas teilweise noch schlecht. Nur einige wenige Besserverdiener konnten sich teure Automobile, zu denen unter anderem die Sportwagen gehören, leisten – für den Normalverbraucher blieben sie ein unerfüllbarer Traum.

Die Begeisterung, die ein Ferrari, ein Jaguar oder ein Porsche 356 auslöste, half aber, diese Stimmung zumindest für einen Moment zu verbessern – denn die Sportwagen waren Zukunftsboten und Hoffnungsträger zugleich. Nicht nur ihr Äußeres war einzigartig, auch ihr Innenraum machte sie unverwechselbar. Allein das Armaturenbrett mit seinen vielen Schaltern und Hebeln war mitunter die reinste Skulptur. Dementsprechend musste die Werbung für solche Fahrzeuge ernsthaft und zugleich innovativ sein. Zahlreiche Fotos und Zeichnungen demonstrierten den Nutzwert der hochkarätigen Technik oder der vielen Anneh-mlichkeiten. Fotografen und Grafiker bemühten sich, die frühen Sportwagen der Nachkriegszeit gekonnt ins Bild zu setzen.

Viele Automobilhersteller nahmen ab den 1950er Jahren mit ihren Seriensportwagen erstmals wieder offiziell an internationalen Wettbewerben teil. Wer erfolgreich war, gewann beispielsweise bei der Rallye Monte Carlo, beim Critérium Neige et Glace, der Tour de Belgique oder der Tour de Corse. Die Siege auf Schnee und Eis oder asphaltierten Pisten waren Beweis genug für die außergewöhnlichen Fahreigenschaften eines Straßen-Sportwagens. Aber auch der umgekehrte Weg war möglich: So wurde der legendäre Mercedes-Benz Flügeltürer zunächst als reiner Wettbewerbswagen (300 SLR) konzipiert und 1952 erfolgreich bei der Panamericana eingesetzt. Auf Basis dieses Sieger-

autos entstand erst die Serienversion des Mercedes-Benz 300 SL. Die Kombination des vom Rennwagen fast unverändert übernommenen Gitterrohrrahmens und den futuristischen Flügeltüren in der zeitlos schönen Karosserie sind,
bis heute, ohne Beispiel. Er war für die Großen der Zeit das Statussymbol ih-
res Erfolges, für andere eine erreichbare Sehnsucht – für die meisten aber blieb
er ein unerfüllbarer Traum.

An die Einmaligkeit des 300 SL kam kein anderes Automobil heran. Die Konkur-
renz versuchte auch gar nicht, ihn zu kopieren. Sie betrachtete ihn vielmehr als
Impulsgeber und überraschte mit vollkommen anders gearteten Modellen.
BMW verschrieb sich eleganten Achtzylindern, Enzo Ferrari bestand auf zwölf
Zylindern und jenseits des großen Teiches debütierte Chevrolets Bestseller
Corvette. Paradoxerweise bestückte man im Land der Hubraum- und PS-Riesen
die Corvette zunächst nur mit einem Sechszylinder-
Motor.

Mit ihrer bemerkenswerten Leistungsfähigkeit statteten die Hersteller ihre Prestige-
objekte serienmäßig mit Ausstattungen
aus, die bis dahin – wenn überhaupt –
nur optional zu haben waren. Servolen-
kung und Servobremse hielten ebenso
Einzug wie die Scheibenbremse oder
das Fünfgang-Getriebe. Schon damals
waren Sportwagen für alle Autoher-
steller der Maßstab, an dem sie sich messen
lassen mussten und der sie zu Höchstleistungen anspornte, um gegenüber
der Konkurrenz nicht zu stark abzufallen.

Eine Klasse für sich waren, wie in der Vorkriegszeit auch, alle Gefährte, die zwar
chic und flott aussahen, aber unter deren Haube höchstens ein Vierzylinder-
Aggregat werkelte. Mit ihnen bediente man jene Käuferschicht, die „nur"
etwa in einen MG investieren konnte. Erstaunlicherweise brachten die „Kleinen"
den Unternehmen sehr viel Geld in die Kasse, denn sie waren kaufmännisch betrachtet nichts anderes als ein kostengünstig herstellbares Massenprodukt.

BMW 507

„BMW hat in der Klasse hochkarätiger Sportwagen die Italiener geschlagen", frohlockte ein Fachmagazin 1955 zur Premiere des Sportroadsters BMW 507. Erste konkrete Überlegungen zum Bau des Zweisitzers hatte es schon 1954 gegeben, und Albrecht Graf Goertz, der Designer des Schmuckstücks, sah gleich noch eine größere viersitzige Variante vor, die unter dem Kürzel 503 gebaut werden sollte.

Modell	BMW 507
Hubraum/Zylinder	3168 ccm/8 Zyl.
PS/kW	150/110
Bauzeit	1955–1959
Stückzahl	254

Modell	BMW 2000 CS
Hubraum/Zylinder	1990 ccm/4 Zyl.
PS/kW	120/88
Bauzeit	1966–1969
Stückzahl	–

Mit dem eleganten Modell 2000 CS führte BMW ab 1966 ein Coupé im Programm, das zwar im Hause entwickelt, aber außer Haus gebaut wurde. Viel Sorgfalt widmeten die Designer der Gestaltung des exklusiven Interieurs. Während die 2-Liter-Modelle mit einem Vierzylinder bestückt wurden, erhielten die Wagen ab 2,8 Litern Hubraum einen Sechszylinder-Motor.

BMW 3.0 CSi

Modell	BMW 3.0 CSi
Hubraum/Zylinder	2985 ccm/6 Zyl.
PS/kW	220/161
Bauzeit	1971–1975
Stückzahl	–

Als das BMW-2000-CS-Coupé (4 Zylinder) 1968 zum 2800 CS (6 Zylinder) herangereift war, hatte es dank der verlängerten Motorhaube und anderer optischer Retuschen eine wesentlich ausgeglichenere Form erhalten. Der ab 1971 gefertigte 3.0 CSi wurde sogar mit einem durchzugskräftigen Einspritzmotor bestückt – die an die Hinterachse gebrachten 220 PS sorgten für eine Spitze von 220 km/h.

Mercedes-Benz 300 SL

Die Idee, den 300 SL auch als Straßenversion zu bauen, stammte von Max Hoffman. Hoffmann, der in den USA mit europäschen Fahrzeugen handelte, ging davon aus, 1000 straßentaugliche Exemplare verkaufen zu können. Seine Argumente überzeuten schließlich, und so erblickte die erste Straßenversion des 300 SL im Februar 1954 auf der New-Yorker-Motorshow das Licht der Automobilwelt.

Modell	Mercedes-Benz 300 SL
Hubraum/Zylinder	2996 ccm/6 Zyl.
PS/kW	215/158
Bauzeit	1954–1957
Stückzahl	1400

Mercedes-Benz 300 SL

Das Prinzip des Gitterrohrrahmens, auf dem der 300 SL basiert, kommt aus dem Flugzeugbau, denn Konstruktionen dieser Art gelten als besonders stabil. Die Verwendung des Gitterrohrrahmens erlaubte ferner eine weitere eindrucksvolle Konstruktion: die der Flügeltüren. Um aber für den Roadster einen bequemen Einstieg schaffen zu können, musste die Rahmenkonstruktion etwas modifiziert werden.

Modell	Mercedes-Benz 300 SL
Hubraum/Zylinder	2996 ccm/6 Zyl.
PS/kW	215/158
Bauzeit	1954–1957
Stückzahl	1400

··· Mercedes-Benz 300 SL Roadster ·······

Modell	Mercedes-Benz 300 SL Roadster
Hubraum/Zylinder	2996 ccm/6 Zyl.
PS/kW	215/158
Bauzeit	1957–1963
Stückzahl	1858

1957 wurde der Flügeltürer vom 300 SL Roadster abgelöst. Ab 1958 bot Daimler-Benz für den Wagen optional ein Hardtop an. SL-Besitzer sollten schließlich bei jedem Wetter die Fahrfreude genießen können. Zu den Enthusiasten, die einen SL bewegten, gehörten neben Privatpersonen auch Prominente wie Zsa Zsa Gabor, der Herzog von Edinburgh, Schah Reza Pahlevi oder Elvis Presley.

Mercedes-Benz 190 SL

Modell	Mercedes-Benz 190 SL
Hubraum/Zylinder	1897 ccm/4 Zyl.
PS/kW	105/77
Bauzeit	1955–1963
Stückzahl	25 881

Darauf hatten Kaufinteressenten und Automobil-Enthusiasten lange gewartet: 1955, anlässlich des Genfer Salons, zeigte Daimler-Benz endlich die serienreife Ausführung des 190 SL. Wie man den Prospekten entnehmen konnte, war der 190 SL nicht wie der 300 SL als reinrassiger Sportwagen konzipiert worden. Der zweisitzige 190 SL gehörte in die Gruppe sportlich eleganter Reise- und Gebrauchsfahrzeuge.

Opel GT

1965 zeigte Opel auf der IAA ein vom Kadett abgeleitetes Coupé, das mit einem 1,9-Liter-Motor bestückt wurde. Im Laufe der kommenden Jahre wurde dieses Concept-Car weiter zur Vollendung gebracht, bis es schließlich 1968 unter dem Namen Opel GT seine Premiere feierte. Die Karosserie des GT wurde übrigens in Frankreich gefertigt, die Montage erfolgte im Werk Bochum.

Modell	Opel GT
Hubraum/Zylinder	1897 ccm/4 Zyl.
PS/kW	90/66
Bauzeit	1968–1973
Stückzahl	103 373

Porsche 356

Ferdinand „Ferry" Porsche (am 27. März 1998 im Alter von 88 Jahren verstorben) und seine Mitarbeiter hatten während des Krieges in dem nach Gmünd in Kärnten verlagerten Betrieb das Projekt mit der Entwicklungsnummer 356 begonnen. Am 17. Juli 1947 entstanden die ersten Konstruktionszeichnungen, am 8. Juni 1948 erteilte die damalige Kärntner Landesregierung eine Einzelgenehmigung zur Zulassung des Wagens.

Modell	Porsche 356
Hubraum/Zylinder	1131 ccm/4 Zyl.
PS/kW	40/29
Bauzeit	1948
Stückzahl	Einzelstück

Porsche 356 A Cabriolet

Modell	Porsche 356 A Cabriolet
Hubraum/Zylinder	1588 ccm/4 Zyl.
PS/kW	115/85
Bauzeit	1959–1960
Stückzahl	–

Der erste Sportwagen der Marke Porsche wurde von einem modifizierten 1,1-Liter-Volkswagen-Motor angetrieben. Die luftgekühlte Maschine, die sonst nur im VW-Käfer ihren Dienst verrichtete, verhalf dem Porsche 356 zu einer Spitze von 135 km/h. Ihre Leistungsabgabe lag anfangs bei bescheidenen 35 PS. Im Rahmen der Weiterentwicklung wurde die Motorleistung kontinuierlich angehoben.

Porsche 356 C Carrera Coupé

Modell	Porsche 356 C Carrera Coupé
Hubraum/Zylinder	1966/4 Zyl.
PS/kW	130/96
Bauzeit	1963–1965
Stückzahl	–

Bis zum Produktionsende des 356 im Jahre 1965 hatten 78 000 Käufer in aller Welt Gefallen an Ferry Porsches Auto gefunden. Weitere Sportwagen, allen voran der 911, ließen die Marke zu einem der renommiertesten Automobilhersteller avancieren, bei dem stets gelungenes Design sowie wegweisende und zuverlässige Technik im Mittelpunkt standen und noch stehen.

Porsche 911 2.0

Als 1964 der Porsche 911 in Produktion ging, lag sein Verkaufspreis bei 21 900 DM. Dafür erhielt der Kunde einen reinrassigen Sportwagen mit 130 PS Leistung und einer Höchstgeschwindigkeit von 210 km/h. Wie beim Vorgängermodell, dem Porsche 356, platzierte man im Heck wieder einen luftgekühlten Boxermotor, diesmal allerdings kein Vierzylinder- sondern ein Sechszylinder-Aggregat.

Modell	Porsche 911 2.0
Hubraum/Zylinder	1991 ccm/6 Zyl.
PS/kW	130/96
Bauzeit	1964–1968
Stückzahl	–

Porsche Typ 718/8 RS Spyder

Der 718/8 sah 1962 viele Rennstrecken Europas, und Porsche führte ihn sogar im fernen Kalifornien vor. Seine Premiere erlebte der Wagen bereits 1961, als er noch mit einem Vierzylinder-Motor bestückt war. Viele Erkenntnisse, die mit diesem 260 km/h schnellen Modell gesammelt wurden, flossen später in die Entwicklung des Coupés 904 GTS ein.

Modell	Porsche Typ 718/8 RS Spyder
Hubraum/Zylinder	1981 ccm/8 Zyl.
PS/kW	210/154
Bauzeit	1962
Stückzahl	–

Porsche 904 GTS

Modell	Porsche 904 GTS
Hubraum/Zylinder	1966 ccm/4 Zyl.
PS/kW	180/132
Bauzeit	1963–1965
Stückzahl	100

Der 904 GTS oder auch Carrera GTS genannte Wagen war Porsches erstes Fahrzeug, das mit einer Kunststoffkarosserie bestückt wurde. Um im Wettbewerb in der Klasse der GT-Wagen starten zu können, musste das Modell in 100 Exemplaren als Straßenversion (Vierzylinder-Motor) gebaut werden. Wie bei Porsche üblich, ging der größte Teil der 263 km/h schnellen Wagen in die USA (43 Stück).

Veritas 90 SPC

Der kleine Sportwagenhersteller Veritas war ursprünglich im badischen Messkirch beheimatet, verlegte seinen Firmensitz ab 1951 aber an den Nürburgring. Hier entstanden in Kleinstauflage verschiedene Sportwagenmodelle, die größtenteils mit BMW-Technik bestückt wurden. Der Exklusivität eines Veritas angemessen, zählten die Sportwagen aus der Eifel nicht eben zu den günstigsten Produkten.

Modell	Veritas 90 SPC
Hubraum/Zylinder	1988 ccm/6 Zyl.
PS/kW	100/73
Bauzeit	1949–1950
Stückzahl	–

VW-Porsche 914-6

Modell	VW-Porsche 914-6
Hubraum/Zylinder	1991 ccm/6 Zyl.
PS/kW	110/81
Bauzeit	1969–1972
Stückzahl	3332

1969 wurde der Typ 914 als VW-Porsche der Öffentlichkeit präsentiert. Von der Bauweise her handelte es sich um einen Mittelmotor-Sportwagen mit herausnehmbarem Dach, der zuerst mit einem Einspritzmotor von VW (4 Zylinder und 1,7 Liter Hubraum) bestückt wurde. Eine bissigere Alternative war der 914-6. Unter seiner Haube arbeitete ein modifizierter 2-Liter-Porsche-Motor mit 6 Zylindern.

AC Ace Bristol

Modell	AC Ace Bristol
Hubraum/Zylinder	1971 ccm/6 Zyl.
PS/kW	130/96
Bauzeit	1956–1963
Stückzahl	ca. 465

John Tojeiro, seines Zeichens Rennwagenkonstrukteur, entwickelte Anfang der 1950er Jahre diesen eleganten Sportwagen, der bei der britischen Firma AC ab 1953 gebaut wurde. Dank Leichtbauweise (Alukarosserie) lief die Bristol-Variante 200 km/h.

AC Aceca

Für Enthusiasten, die einen Sportwagen mit festem Dach suchten, hielt AC mit dem Modell Aceca ein elegantes Coupé bereit. Der Aceca war nichts anderes als die geschlossene Ausgabe des Ace Bristol Cabrios, profitierte aber auf Grund seiner Konzeption von einer praktischen Heckklappe. Ab 1957 ließ sich der Aceca übrigens gegen Aufpreis mit vorderen Scheibenbremsen ausrüsten.

Modell	AC Aceca
Hubraum/Zylinder	1971 ccm/6 Zyl.
PS/kW	130/96
Bauzeit	1954–1963
Stückzahl	ca. 170

AC Cobra 427

Für Sportwagenexperten ist der Cobra 427 nach wie vor das brutalste Auto, das je für den Straßenverkehr zugelassen wurde. Um diesen vor Kraft strotzenden Boliden auf der Straße halten zu können, wurde sein Chassis konsequent überarbeitet und optimiert. Eine Spitze von 240 km/h konnte der Hersteller bereits für die kleinste Motorisierungsstufe garantieren – das Limit nach oben war offen.

Modell	AC Cobra 427
Hubraum/Zylinder	6997 ccm/8 Zyl.
PS/kW	425/311
Bauzeit	1965–1968
Stückzahl	410

Aston Martin DB 2

Modell	Aston Martin DB 2
Hubraum/Zylinder	2580 ccm/6 Zyl.
PS/kW	108/79
Bauzeit	1951–1953
Stückzahl	–

David Brown, ein britischer Industrieller, übernahm 1947 die Aston-Martin-Werke. Er sanierte das finanziell angeschlagene Unternehmen und lancierte ein Jahr später eine neue Baureihe. 1948 erschien mit dem DB 1 (DB stand für David Brown) ein recht barock aussehender Sportwagen. Der Nachfoger DB 2 mit modernerer Linienführung zeigte wesentlich mehr Eleganz.

Aston Martin DB 2-4 Mk III

1957 präsentierte Aston Martin die definitive Vollendung des
DB 2-4, den Mk III. Gegenüber den Vorgängern erhielt der Motor
des Mk III einen neu konstruierten Zylinderkopf. Außerdem gab
es ein leicht modifiziertes Fahrwerk und auf Wunsch Scheibenbremsen. Im Rahmen der Modellpflege wurde ferner das Interieur
aufgewertet und das Armaturenbrett u. a. mit abgeschirmten
Instrumenten neu gestaltet.

Modell	Aston Martin DB 2-4 Mk III
Hubraum/Zylinder	2922 ccm/6 Zyl.
PS/kW	164/121
Bauzeit	1957–1959
Stückzahl	–

Aston Martin DB 4 GT

Modell	Aston Martin DB 4 GT
Hubraum/Zylinder	3670 ccm/6 Zyl.
PS/kW	302/222
Bauzeit	1959–1960
Stückzahl	75

Mit dem Modell DB 4 realisierte Aston Martin die Idee von einem sportlichen Luxus-Reisewagen – mit Erfolg! Der DB 4 blieb bis 1963 im Programm (alle Baumuster) und musste sich während dieser Zeit fünfmal einer Modellpflege unterziehen. Die 250 km/h schnelle GT-Version mit leicht verkürztem Radstand wurde als Zweisitzer konzipiert und verfügte gegenüber der Standardausführung über mehr Leistung.

Aston Martin DB 5

Als Aston Martin 1947 von David Brown übernommen wurde, entwickelte man zunächst die berühmte DB-Baureihe. Nach DB 1, DB 2 und DB 4 lancierte die Nobelmarke mit dem DB 5 ein weiteres Objekt der Begierde: Diese Version wurde vor allem durch die James-Bond-Filmproduktionen bekannt. Nicht nur „007" fuhr einen Aston Martin – der DB 5 war natürlich auch für „Normalverbraucher" zu erstehen.

Modell	Aston Martin DB 5
Hubraum/Zylinder	3995 ccm/6 Zyl.
PS/kW	282/207
Bauzeit	1963–1965
Stückzahl	1063

Aston Martin DB 6 Mk2

Modell	Aston Martin DB 6 Mk2
Hubraum/Zylinder	3995 ccm/6 Zyl.
PS/kW	286/210
Bauzeit	1965–1970
Stückzahl	1755

Der Nachfolger des DB 5, der DB 6, unterschied sich von seinem Vorgänger vor allem durch einen etwas längeren Radstand und eine leicht überarbeitete Karosserie. Aston Martin ließ auch die Gesamtlänge des neuen Modells etwas anwachsen, das ergab eine noch ausgewogenere Linienführung. Zusätzlich betonte eine sogenannte Abrisskante am Heck den sportlichen Charakter des DB 6.

Austin-Healey 100

Der Brite Donald Healey zeigte 1951 auf der Londoner Motor
Show eine Automobilkonstruktion, die auch beim Vorstand der
Austin-Werke auf Begeisterung stieß, denn schon lange hatte
Austin den Bau eines Sportwagens geplant. Healey erkannte die
Chance, sein Vorhaben durch Austin realisieren zu lassen, und
bot Austin daher die Produktionsrechte an.

Modell	Austin-Healey 100
Hubraum/Zylinder	2660 ccm/4 Zyl.
PS/kW	91/67
Bauzeit	1952–1956
Stückzahl	ca. 12 900

Austin-Healey 3000 Mk III

Modell	Austin-Healey 3000 MK III
Hubraum/Zylinder	2912 ccm/6 Zyl.
PS/kW	150/110
Bauzeit	1964–1967
Stückzahl	–

Behutsame Detailverbesserungen trugen dazu bei, dass der „Big Healey" auch in den späteren Jahren nichts von seinem Reiz einbüßte. Ab 1964, mit dem Debüt der Version 3000 Mk III, erstrahlte er in Bestform, was sich anhand der Verkaufszahlen eindeutig belegen ließ. Heute zählt diese 190 km/h schnelle Variante mit Holz-Armaturenbrett zu den begehrtesten Modellen der gesamten Baureihe.

Jaguar XK 120 Roadster

Einen schöneren Sportwagen hätte man in den 1940er Jahren kaum auf die Räder stellen können. Alle Dimensionen und Proportionen stimmten – lange Haube, kurzes Cockpit, niedrige Windschutzscheibe und ein harmonischer Heckabschluss. Hinzu kamen das Leistungspotenzial eines kräftigen Sechszylinders mit zwei obenliegenden Nockenwellen und eine vorbildliche Straßenlage.

Modell	Jaguar XK 120 Roadster
Hubraum/Zylinder	3442 ccm/6 Zyl.
PS/kW	162/119
Bauzeit	1948–1954
Stückzahl	12 087

Jaguar XK 140

Modell	Jaguar XK 140
Hubraum/Zylinder	3442 ccm/6 Zyl.
PS/kW	192/140
Bauzeit	1954–1957
Stückzahl	8884

Im Rahmen der Modellpflege brachte Jaguar 1954 den XK 140 auf den Markt. Neben technischen Modifikationen (mehr Leistung) gab es jede Menge optischer Retuschen, und die standen dem XK ausgezeichnet, denn sie entsprachen dem Zeitgeschmack: Die Karosserielinie wurde leicht gestrafft, der Kühlergrill etwas vergrößert, die Stoßstangen verstärkt und das Interieur verfeinert.

Jaguar XK 150

Modell	Jaguar XK 150
Hubraum/Zylinder	3442 ccm/6 Zyl.
PS/kW	213/156
Bauzeit	1957–1961
Stückzahl	9395

Alle Modelle der XK-Baureihe schrieben ein Stück britischer Automobilgeschichte. Vor allem die letzte Serie – der XK 150 – trug zum Ruhm der Marke bei. Außerdem bildete er die Grundlage für zukünftige Modelle. Dem Zeitgeist entsprechend gab es für den XK 150 viel Zubehör, zum Beispiel mit Weißwandreifen bestückte Drahtspeichenräder oder eine Getriebeautomatik.

Jaguar E-Type Series 1

Als 1961 in Genf ein ästhetisch gestylter Zweisitzer namens Jaguar E-Type debütierte, konnte niemand ahnen, dass dieser Wagen die britische Sportwagengeschichte noch einmal neu aufrollen soll-te. Unter der langen Haube des E-Type arbeitete ein 265 PS star-ker Sechszylinder-Motor. Er beschleunigte den 1168 Kilogramm schweren Wagen auf 240 km/h – die 100 km/h-Marke wurde be-reits nach nur sieben Sekunden erreicht.

Modell	Jaguar E-Type Series 1
Hubraum/Zylinder	3781 ccm/6 Zyl.
PS/kW	265/196
Bauzeit	1961–1964
Stückzahl	ca. 15 700

Lotus Seven Serie 1

Modell	Lotus Seven Serie 1
Hubraum/Zylinder	1172 ccm/4 Zyl.
PS/kW	40/29
Bauzeit	1957–1970
Stückzahl	–

Colin Chapman, Gründer der britischen Marke Lotus, konstruierte 1947 in seiner Freizeit einen kleinen Sportwagen. Der Erfolg
motivierte ihn zehn Jahre später, seine Hobby-Garage in eine
Fabrik umzuwandeln und eine Serienfertigung zu starten. Da
man in England für Kitcars weniger Steuern zahlen musste, brachte Chapman den „Lotus Seven" hauptsächlich als Bausatz auf den
Markt.

Lotus Elan S1

Ein klein wenig mehr Komfort – das war die wesentliche Neuerung, die den Elan von seinem Vorgänger, dem Elite, unterschied. Und im Gegensatz zu diesem profitierte der Elan von permanenter Modellpflege (S2, S3, S4 und Sprint). Der vorn platzierte 1,5-Liter-Motor brachte seine Kraft (zwischen 106 PS und 126 PS) an die Hinterräder, was eine Spitze zwischen 185 km/h und 195 km/h ergab.

Modell	Lotus Elan S1
Hubraum/Zylinder	1558 ccm/4 Zyl.
PS/kW	126/93
Bauzeit	1962–1973
Stückzahl	12 224

Lotus Europa

Modell	Lotus Europa
Hubraum/Zylinder	1470 ccm/4 Zyl.
PS/kW	78/57
Bauzeit	1967–1975
Stückzahl	9230

1966 brachte Lotus mit dem ultraflachen Modell Europa einen nur 113 Zentimeter hohen Mittelmotor-Sportwagen heraus. Die Fachpresse staunte nicht schlecht, als sie unter der Motorhaube das Antriebsaggregat entdeckte: Es handelte sich um den Motor des Renault R 16. Da der Lotus dank seiner Kunststoffkarosserie ein Leichtgewicht war, ließ sich mit dieser Konfiguration eine Spitzengeschwindigkeit von 200 km/h erzielen.

MG Typ TC

Mit dem kleinen TC führte die britische Marke MG nach Ende des Zweiten Weltkrieges ein Fahrzeug im Programm, das dem Unternehmen bald wieder seine gewohnt gute Marktposition sicherte. Dass der TC auf einem veralteten Kastenrahmen basierte, störte kaum jemanden. Schließlich knüpften auch andere Hersteller nach der Wiederaufnahme der Produktion an ihre Vorkriegs-Konstruktionen an.

Modell	MG Typ TC
Hubraum/Zylinder	1250 ccm/4 Zyl.
PS/kW	54/40
Bauzeit	1945–1949
Stückzahl	ca. 10 000

MG Typ TD

Modell	MG Typ TD
Hubraum/Zylinder	1250 ccm /4 Zyl.
PS/kW	55/40
Bauzeit	1949–1953
Stückzahl	ca. 30 000

Als MG 1949 mit dem Modell TD den Nachfolger für den TC vorstellte, musste man schon genau hinsehen, um die Detailverbesserungen entdecken zu können. Insgesamt gewann der TD etwas an Breite, sein Cockpit war nicht mehr ganz so eng geschnit-
ten. Leider mussten die großen Drahtspeichenräder gewöhnlichen
Stahlfelgen weichen. Vorteil dieser Maßnahme: Der TD wirkte
weniger hochbeinig als der TC.

MG Typ TF

Während fast alle Hersteller in den 1950er Jahren glattflächig gestylte Karosserien entwarfen, führte MG bei den Modellen TC, TD und TF das Design der 1930er Jahre fort. Zu spät merkte man, dass dieser Stil nicht mehr gefragt war, der Absatz brach drastisch zusammen. Das Facelifting für den überarbeiteten Typ TF war zwar eine gut gemeinte, aber letztlich wirkungslose Angelegenheit.

Modell	MG Typ TF
Hubraum/Zylinder	1250 ccm/4 Zyl.
PS/kW	58/44
Bauzeit	1953–1954
Stückzahl	ca. 6200

MG Typ TF 1500

Um verlorenes Terrain zurückerobern zu können, brachte MG den TF noch in einer verbesserten Ausführung auf den Markt. Ein 1,5-Liter-Motor machte den TF 1500 zwar 140 km/h schnell, doch auf den Verkaufserfolg wirkte sich diese Maßnahme nicht mehr aus: Die Zeit der T-Serie, die es mit allen Modellen auf etwa 50 000 Einheiten brachte, war definitiv abgelaufen.

Modell	MG Typ TF 1500
Hubraum/Zylinder	1466 ccm/4 Zyl.
PS/kW	P64/47
Bauzeit	1954–1955
Stückzahl	ca. 3400

Modell	MG Typ A
Hubraum/Zylinder	1489 ccm/4 Zyl.
PS/kW	69/51
Bauzeit	1955–1962
Stückzahl	ca. 98 900

Mit dem MG A erschien bei MG 1955 ein Sportwagen, der der Marke genau im richtigen Augenblick wieder zu mehr Popularität verhelfen konnte. Sanft geschwungene Linien bestimmten das Design des Zweisitzers, der vollkommen anders als ein TC, TD oder TF war. Nicht ohne Grund basierte der MG A auf einem verwindungsfesten Unterbau – das Gros dieses Baumusters sollte als Roadster auf den Markt kommen.

Morgan + 4

An einem einmal als richtig erkannten Konzept etwas zu ändern, ist für Morgan nichts anderes als Zeitverschwendung. Deshalb wurde und wird dieser Sportwagen seit Jahrzehnten fast unverändert gebaut. Die größte Retusche gab es zuletzt 1955, als der Übergang vom flachen zum rundlichen Kühler erfolgte. Unter der Haube ist der Morgan aber nicht von gestern, hier arbeitet Technik vom Feinsten.

Modell	Morgan + 4
Hubraum/Zylinder	2138 ccm/4 Zyl.
PS/kW	105/77
Bauzeit	1950–1958
Stückzahl	–

Modell	Morgan Plus 8
Hubraum/Zylinder	3532 ccm/8 Zyl.
PS/kW	184/135
Bauzeit	1968–2004
Stückzahl	ca. 6000

1968 eröffneten sich für Morgan-Fahrer ungewohnte Perspektiven: Fortan war der neue „Plus 8" zu haben. Er hieß so, weil ihm die 3,5-Liter-Maschine des Rovers implantiert wurde. Mit Hilfe dieses V8-Aggregats kam die Tachonadel erst im Bereich der 200 km/h-Markierung zum Stillstand. Damit der leichte Morgan so viel Power auch gewachsen war, erweiterte man unter anderem die Spurbreite auf 126 Zentimeter.

Triumph TR 2

1952 zeigte Triumph zur Londoner Motor Show einen Roadster mit weit ausgeschnittenen Türen, lang gezogenen Kotflügelrändern und einer stark nach innen versetzten Kühlergrillöffnung. Die Resonanz auf den TR 2 war überwältigend. Schon ein Jahr später ging das 170 km/h schnelle Modell in Serie. Um 170 km/h erreichen zu können, wurde das Aggregat übrigens mit zwei SU-Horizontalvergasern bestückt.

Modell	Triumph TR 2
Hubraum/Zylinder	1991 ccm/4 Zyl.
PS/kW	91/67
Bauzeit	1953–1955
Stückzahl	–

Triumph TR 3 A

Modell	Triumph TR 3 A
Hubraum/Zylinder	1991 ccm/4 Zyl.
PS/kW	101/74
Bauzeit	1957–1961
Stückzahl	–

1955 stellte Triumph dem TR 2 im Rahmen der Modellpflege das stärkere Modell TR 3 A gegenüber. Dem technischen Fortschritt angemessen, bestückte man den TR 3 A vorne mit Scheibenbremsen. Außerdem gab es ein neu gestaltetes und weicher gepolstertes Armaturenbrett, breitere Sitze und vor allem aber ein schickes Kühlerziergitter, das über die gesamte Breite des Wagens verlief.

Triumph TR 6

Modell	Triumph TR 6
Hubraum/Zylinder	2498 ccm/6 Zyl.
PS/kW	P143/105
Bauzeit	1969–1976
Stückzahl	94 619

Das Design des 1969 vorgestellten TR 6 ist ein Michelotti-Entwurf, der vor Beginn des Serienbaus allerdings bei Karmann in Osnabrück noch einmal überarbeitet wurde. Im Gegensatz zum TR 4 erhielt der TR 6 keinen Vier- sondern einen Sechszylinder-Motor. Auf Grund der recht hohen Leistung (143 PS) erreichte der TR 6 eine Spitze von 200 km/h.

Alpine A 110

Als der Sohn eines französischen Renault-Händlers 1958 auf Basis des 4 CV einen Sportwagen bastelte, interessierte das kaum jemanden. 1960 waren seine Kreationen schon der Fachpresse bekannt, und 1963 kam mit dem Modell Alpine A 110 der ganz große Durchbruch – die Serienfertigung lief an. Je nach Leistungspotenzial erreichte der Alpine eine Spitze von bis zu 215 km/h.

Modell	Alpine A 110
Hubraum/Zylinder	1565 ccm/4 Zyl.
PS/kW	140/10
Bauzeit	1963–1976
Stückzahl	7160

DB Le Mans

Modell	DB Le Mans
Hubraum/Zylinder	848 ccm/2 Zyl.
PS/kW	52/38
Bauzeit	1960–1962
Stückzahl	ca. 200

Charles Deutsch und René Bonnet, zwei französische Ingenieure, brachten ab den 1950er Jahren unter der Markenbezeichnung „DB" diverse Sportwagen auf den Markt. Unter der Haube ihrer Modelle arbeitete fast immer ein Zweizylinder-Aggregat (!) von Panhard. Die kleinen Maschinen wurden oft bis an die Grenze der Belastbarkeit getunt, denn nur so ließ sich eine Spitzengeschwindigkeit von 150 km/h oder mehr erreichen.

Matra Djet V

1964 brachte Matra einen Mittelmotor-Sportwagen heraus, der es zwar nicht von Seiten der Technik, aber hinsichtlich der Interieurgestaltung mit jedem Luxusfahrzeug seiner Zeit aufnehmen konnte: Blickfang des kleinen Automobils war eine breite, mit vielen Rundinstrumenten „zugepflasterte" Mittelkonsole. Den Unterbau des „Djet V", einen leichten Gitterrahmen, konstruierte man selbst, den Motor hingegen lieferte Renault.

Modell	Matra Djet V
Hubraum/Zylinder	1255 ccm/4 Zyl.
PS/kW	72/53
Bauzeit	1964–1968
Stückzahl	1681

Alfa Romeo 1900 Super Sprint

Modell	Alfa Romeo 1900 Super Sprint
Hubraum/Zylinder	1975 ccm/4 Zyl.
PS/kW	115/84
Bauzeit	1952–1958
Stückzahl	–

1954 kam der 115 PS starke Super Sprint auf den Markt. Dieser 180 km/h schnelle Zweitürer mit langem Radstand zeichnete sich durch eine Eleganz aus, die man bei vergleichbaren Modellen oft vermisste.

Alfa Romeo Disco Volante

Während sportlich ambitionierte Privatfahrer in den 1950er Jahren mit ihrem Alfa Romeo auf den Pisten ihr Talent unter Beweis stellten, entstanden im Werk einige Rennsportwagen, die auf Straßenfahrzeugen basierten. Einer davon ist der vom 1900 abgeleitete Spider, dessen unverwechselbare Karosserie ihm spontan den Spitznamen „Disco Volante" („Fliegende Untertasse") bescherte.

Modell	Alfa Romeo Disco Volante
Hubraum/Zylinder	1997 ccm/4 Zyl.
PS/kW	158/116
Bauzeit	1952
Stückzahl	6

Alfa Romeo Giulietta Spider

Für viele Giulietta-Besitzer war das Faszinierende an diesem Auto hauptsächlich die Technik. Es gab einen Motor mit zwei oben liegenden Nockenwellen, Einzelradaufhängung und ein gut abgestuftes Schaltgetriebe. Zwei Jahre nach dem Debüt folgte die nächste Evolutionsstufe: Für den Wettbewerbssport wurde der Giulietta Sprint Veloce konzipiert, für den Privatfahrer der Giulietta Spider.

Modell	Alfa Romeo Giulietta Spider
Hubraum/Zylinder	1290 ccm/4 Zyl.
PS/kW	65/48
Bauzeit	1955–1965
Stückzahl	ca. 26 400

Alfa Romeo Giulia Sprint GT

Modell	Alfa Romeo Giulia Sprint GT
Hubraum/Zylinder	1290 ccm/4 Zyl.
PS/kW	80/59
Bauzeit	1963–1968
Stückzahl	ca. 222 000

Das Jahr 1963 erlebte die Geburtsstunde eines Klassikers der Automobilgeschichte: Als Nachfolger der Giulia Sprint erschien die atemberaubend schöne Giulia Sprint GT, ob ihrer in der Anfangszeit aufgesetzt wirkenden Motorraumabdeckung auch „Kantenhaube" genannt. Der schnörkellose Karosserie-Entwurf stammte zwar von Bertone, doch dort kam erstmals der neue Chefdesigner Giorgetto Giugiaro zum Zug.

Alfa Romeo Giulia Sprint GTA

Giorgetto Giugiaro, der heutige Chef von Italdesign, entwarf mit dem Giulia Sprint GT ein Automobil, das bereits während seiner Bauzeit zur Legende heranreifte. Es kam in zahlreichen Varianten auf den Markt und sorgte als Giulia Sprint GTA auch im Wettbewerbssport für Gesprächstoff. Im Übrigen erstürmte der GTA nicht weniger als sieben EM-Titel!

Modell	Alfa Romeo Giulia Sprint GTA
Hubraum/Zylinder	1570 ccm/4 Zyl.
PS/kW	115/84
Bauzeit	1965–1970
Stückzahl	–

Bizzarrini GT Strada 5300

Modell	Bizzarrini GT Strada 5300
Hubraum/Zylinder	5351 ccm/8 Zyl.
PS/kW	350/257
Bauzeit	1965–1969
Stückzahl	149

Bevor sich Giotto Bizzarrini 1961 selbstständig machte, arbeitete der talentierte Italiener unter anderem für Alfa Romeo und Enzo Ferrari. 1965 debütierte mit seinem GT Strada 5300 ein optisch gelungener Sportwagen, unter dessen Aluminiumkarosserie ein großvolumiger Chevrolet-Motor rumorte und den Wagen auf eine Spitzengeschwindigkeit von 270 km/h brachte.

Dino 246 GT

Modell	Dino 246 GT
Hubraum/Zylinder	2418 ccm/6 Zyl.
PS/kW	190/139
Bauzeit	1969–1974
Stückzahl	3883

Unter der eigenständigen Marke Dino lancierte Ferrari 1967
einen kleinen Mittelmotor-Sportwagen, den Dino 206 GT.
Etwa 150 Exemplare wurden bis 1969 gebaut. In der zweiten
Auflage – als Dino 246 GT – ließ sich der Wagen wesentlich
besser verkaufen. Die Fachpresse erkannte im 246 GT übrigens
einen Porsche-Konkurrenten. Welchem Wagen man den
Vorzug gab, war reine Geschmackssache.

Ferrari 342 America

Im Rennsport war der Name Ferrari seit den 1930er Jahren ein Begriff, da Enzo Ferrari einen Sieg nach dem anderen einfuhr. Der erste Straßensportwagen (Typ 166), der seinen Namen trug, debütierte aber erst 1948. Was dieses Auto so begehrenswert machte, war natürlich sein reinrassiger Zwölfzylinder-Motor. Dieses Aggregat bildete fortan die Ausgangsbasis für weitere Konstruktionen.

Modell	Ferrari 342 America
Hubraum/Zylinder	4102 ccm/12 Zyl.
PS/kW	200/147
Bauzeit	1952–1953
Stückzahl	6

Ferrari 375 America

Fast jeder frühe Ferrari war ein individuelles Einzelstück, denn Enzo Ferrari arbeitete zugleich mit mehreren Karosseriebau-Spezialisten zusammen. Von dem nur zwölfmal gebauten Typ 375 America entstanden deshalb acht Karosserien bei Pininfarina, drei bei Vignale und ein Aufbau bei Ghia. So viel Individualismus hatte seinen Preis – das Gros dieser Wagen wurde von Prominenten geordert.

Modell	Ferrari 375 America
Hubraum/Zylinder	4523 ccm/12 Zyl.
PS/kW	300/220
Bauzeit	1953–1955
Stückzahl	12

Ferrari 250 GT SWB

Modell	Ferrari 250 GT SWB
Hubraum/Zylinder	2953 ccm/12 Zyl.
PS/kW	260/190
Bauzeit	1959–1962
Stückzahl	165

Für Ferrari-Fans hat das Kürzel SWB einen ganz besonderen Reiz: Es kommt aus dem Englischen (Short Wheel Base) und bedeutet nichts anderes als „kurzer Radstand". Beim Ferrari 250 GT SWB beträgt der Radstand genau 240 Zentimeter, und auf Grund dieser angenehmen Eigenschaft lässt sich der Wagen nicht nur auf der Straße, sondern auch auf der Piste hervorragend bewegen.

Ferrari 250 GT Cabriolet

Modell	Ferrari 250 GT Cabriolet
Hubraum/Zylinder	2953 ccm/12 Zyl.
PS/kW	240/176
Bauzeit	1957–1962
Stückzahl	236

Vom Erscheinungsbild her zählt ein Ferrari zu den Automobilen, denen man gerne einen Blick hinterherwirft. Kein Wunder, das Design entstand in den meisten Fällen am Zeichenbrett Pininfarinas, des italienischen Meisterkarossiers. Er entwarf auch die Linienführung für das 250 GT Cabriolet. Keine einfache Aufgabe, immerhin basierte dieses Modell auf einem Fahrgestell mit 260 Zentimetern Radstand.

Ferrari 250 GT Spyder California

Treffender als das Magazin „Sports Car Illustrated" konnte man den 250 GT Spyder California nicht beschreiben: „Der California hat den schönsten (Karosserie-) Körper diesseits der Riviera. Wir wissen nicht, wie oder warum, aber die Italiener scheinen einen Exklusivvertrag für automobile Schönheit zu besitzen. Kurz und gut, wir halten die Karosserie, den Motor und das Getriebe für großartig …"

Modell	Ferrari 250 GT Spyder California
Hubraum/Zylinder	2953 ccm/12 Zyl.
PS/kW	280/205
Bauzeit	1957–1963
Stückzahl	104

Ferrari 250 GTO

Obwohl er für die Straße zugelassen war, fühlte sich der Ferrari 250 GTO auf der Piste am wohlsten. Vielleicht lag das daran, dass die Techniker bei der Konstruktion einen Blick auf den Testarossa warfen: Auch hier hatte man den Motor tief im Rohrrahmen platziert. Da der GTO von vornherein als Wettbewerbswagen konzipiert wurde, verlieh ihm Pininfarina eine besonders strömungsgünstige Karosserie.

Modell	Ferrari 250 GTO
Hubraum/Zylinder	2953 ccm/12 Zyl.
PS/kW	300/220
Bauzeit	1962–1964
Stückzahl	36

Ferrari 275 GTB

Modell	Ferrari 275 GTB
Hubraum/Zylinder	3286 ccm/12 Zyl.
PS/kW	280/205
Bauzeit	1964–1966
Stückzahl	472

Die elegant gezeichnete Berlinetta 275 GTB, die Ferrari 1964 präsentierte, war mehr als nur ein schickes Coupé für den Alltagsbetrieb. Dieser Ferrari war zugleich ein anspruchsvoller Sportwagen für aktive Fahrer – es gab sogar einige „heiß gemachte" 275 GTB, die erfolgreich bei der Targa Florio oder in Le Mans bewegt wurden.

Ferrari 365 GTB/4

Modell	Ferrari 365 GTB/4
Hubraum/Zylinder	4390 ccm/12 Zyl.
PS/kW	352/258
Bauzeit	1968–1973
Stückzahl	1245

Die Zahl 365 gibt, wie bei Ferrari üblich, Auskunft über das Hubvolumen eines Zylinders. Dementsprechend verfügt der 365 GTB/4 über einen Gesamthubraum von 4,4 Litern. Die „4" in der Modellbezeichnung verwies auf die vier obenliegenden Nockenwellen des Aggregats. Der 365 GTB/4 oder auch „Ferrari Daytona" genannte Wagen erreichte die für damalige Verhältnisse atemberaubende Spitzengeschwindigkeit von 275 km/h.

Ferrari 365 GTS/4

Mit dem 365 GTB/4 stellte Ferrari zweifelsohne einen der schönsten Sportwagen aller Zeiten auf die Räder. Seine Frontpartie musste kurz nach dem Serienanlauf noch einmal geändert werden, weil die amerikanischen Zulassungsgesetze eine andere Position der Scheinwerfer vorschrieben. Ab 1969 gab es den 365 GBT/4 auch in einer Spider-Version, die unter dem Modellnamen 365 GTS/4 zu erstehen war.

Modell	Ferrari 365 GTS/4
Hubraum/Zylinder	4390 ccm/12 Zyl.
PS/kW	352/258
Bauzeit	1969–1973
Stückzahl	121

Fiat Abarth 850 TC

Das Markenemblem mit dem Skorpion ist im Wettbewerbssport bestens bekannt. Überall, wo es auftaucht, weiß man, dass
Carlo Abarth aus einem biederen Serienwagen wieder einmal
etwas Sportliches gemacht hat. Unter seiner Regie entstand auch
der Fiat 850 TC Abarth. Ausgangsbasis dieser heißen Kiste ist –
man mag es gar nicht glauben – der kleine Fiat 600.

Modell	Fiat Abarth 850 TC
Hubraum/Zylinder	847 ccm/4 Zyl.
PS/kW	62/45
Bauzeit	1956–1964
Stückzahl	–

Fiat 124 Sport Coupé

Modell	Fiat 124 Sport Coupé
Hubraum/Zylinder	1995 ccm/4 Zyl.
PS/kW	118/86
Bauzeit	1966–1982
Stückzahl	ca. 130 000

Zu Beginn seiner Karriere musste sich der Fiat 124 mit einem 1,4-Liter-Aggregat zufrieden geben. Später wuchs der Hubraum auf 1,6 bzw. 1,8 Liter an, die letzte Bauserie (180 km/h Spitze) profitierte gar von einem 2-Liter-Motor. Viele Fiat 124 wurden in die USA exportiert, und um den dortigen strengen Abgasgesetzen zu entsprechen, wurden sie mit einer Einspritzanlage ausgerüstet.

Fiat Dino Spider

Modell	Fiat Dino Spider
Hubraum/Zylinder	1987 ccm/6 Zyl.
PS/kW	160/117
Bauzeit	1966–1972
Stückzahl	ca. 1580

Böse Zungen behaupteten oft, der Dino Spider wäre nichts anderes als ein Billig-Ferrari. Das war absolut falsch, denn dieses Modell war eine hundertprozentige Fiat-Konstruktion. Allein bei dem Motor handelte es sich um einen Ferrari-Entwurf. Dieses temperamentvolle V6-Aggregat (anfangs 2 Liter, später 2,4 Liter Hubraum) mit oben liegenden Nockenwellen brachte den Spider auf eine Spitzengeschwindigkeit von 210 km/h.

Fiat Dino Coupé

Das Dino Coupé, das im Gegensatz zum Spider auf einem langen Radstand basierte (255 anstelle von 228 Zentimeter), verlangte förmlich danach, forciert gefahren zu werden. Es hing gut am Gas und wurde im oberen Drehzahlbereich besonders munter. Seine Karosserie wurde übrigens von Bertone entworfen, während Stardesigner Pininfarina für die Linienführung des Spiders verantwortlich zeichnete.

Modell	Fiat Dino Coupé
Hubraum/Zylinder	2418 ccm/6 Zyl.
PS/kW	180/132
Bauzeit	1967–1972
Stückzahl	ca. 4200

Iso Rivolta IR 300

Schon lange bevor sich Iso auf den Bau von Sportwagen speziali-
sierte, hatte sich Firmenchef Renzo Rivolta einen Namen in der
Automobilbranche gemacht: er entwickelte nämlich jene Kleinwagen-
Konstruktion, die später bei BMW als „BMW Isetta" vom Band lief.
Mit einer weiteren Konstruktion – dem großen Iso Rivolta IR 300
– wagte er 1962 den Einstieg ins Sportwagengeschäft.

Modell	Iso Rivolta IR 300
Hubraum/Zylinder	5354 ccm/8 Zyl.
PS/kW	304/224
Bauzeit	1961–1965
Stückzahl	ca. 780

Modell	Iso Grifo GL 365
Hubraum/Zylinder	5354 ccm/8 Zyl.
PS/kW	365/267
Bauzeit	1965–1966
Stückzahl	–

Nach dem etwas glücklosen Start mit dem Iso Rivolta im Jahre 1961 lancierte Renzo Rivolta zwei Jahre später ein weiteres Modell: den Iso Grifo. Der mit einem V8-Chevrolet-Motor (Hubraum je nach Ausführung zwischen 5,4 und 7 Liter) bestückte Wagen wurde von Bertone entworfen. Er verstand es, dem wuchtigen Coupé eine einigermaßen harmonische Linienführung zu geben.

Lamborghini 350 GTV

Der Nimbus von Lamborghini ist verbunden mit dem Mann, der seinen Traum wahr werden ließ: Ferruccio Lamborghini zeigte schon als Kind Interesse an Technologie und Mechanik. 1959 begann er, in der eigenen Firma Traktoren zu bauen, und mit diesem finanziellen Hintergrund eröffnete er bald eine Autofabrik, in der 1963 dieser hier abgebildete Prototyp des ersten Lamborghini entstand.

Modell	Lamborghini 350 GTV
Hubraum/Zylinder	3497 ccm/12 Zyl.
PS/kW	360/264
Bauzeit	1963
Stückzahl	2

Lamborghini 350 GT

Modell	Lamborghini 350 GT
Hubraum/Zylinder	3646 ccm/12 Zyl.
PS/kW	270/198
Bauzeit	1963–1966
Stückzahl	143

Der 350 GT, eine Weiterentwicklung des Prototyps 350 GTV, verfügte über einen bulligen V12-Motor mit vier oben liegenden Nockenwellen. Die Kraft wurde mittels eines Fünfgang-Getriebes an die Hinterachse gebracht. Da die Resonanz auf das Vorserien-modell recht positiv ausfiel, gab Lamborghini noch 1963 „grünes Licht" für die Produktion seines ersten Serienmodells.

Lamborghini 400 GT 2 + 2

Modell	Lamborghini 400 GT 2 + 2
Hubraum/Zylinder	3929 ccm/12 Zyl.
PS/kW	320/234
Bauzeit	1966–1968
Stückzahl	247

Bis 1972 wuchs Lamborghinis Firma stetig an, der einzige Brems-faktor war paradoxerweise stets die Einführung neuer Modelle, was die Produktionskapazität mitunter verlangsamte. Noch wäh-rend der Bauzeit des 350 GT präsentierte man eine leistungs-gesteigerte Variante namens 400 GT 2 + 2. Außer von techni-schen Modifikationen profitierte dieser Wagen von einem über-aus gelungenen Facelifting.

Lamborghini Miura P 400

Der von Lamborghinis Chefkonstrukteur Marcello Gandini ge-
staltete Miura P 400 mit einem quer eingebauten 4-Liter-V12-
Aggregat feierte 1966 auf dem Genfer Salon sein Debüt. Mit diesem Modell präsentierte die italienische Nobelmarke erstmals
einen reinrassigen Mittelmotor-Sportwagen, der den Ruf des
Unternehmens als Schmiede spektakulärer Automobile festigte.

Modell	Lamborghini Miura P 400
Hubraum/Zylinder	3929 ccm/12 Zyl.
PS/kW	320/234
Bauzeit	1966–1969
Stückzahl	475

Lamborghini Miura P 400 S

Für die zweite überarbeitete Version des Miura-P 400-Prototyps von 1966 wurden für den Miura P 400 SV die vordere und hintere Radaufhängung komplett neu entwickelt, die Bereifung angepasst und die Kotflügel etwas markanter gestaltet. Die beim neuen Modell vorgenommenen Korrekturen ließen jetzt einen muskulös anmutenden Sportwagen entstehen, dessen 4-Liter-V12-Motor um die 370 PS leistete.

Modell	Lamborghini Miura P 400 S
Hubraum/Zylinder	3929 ccm/12 Zyl.
PS/kW	370/271
Bauzeit	1969–1971
Stückzahl	140

Lamborghini Miura Spider

Modell	Lamborghini Miura Spider
Hubraum/Zylinder	3929 ccm/12 Zyl
PS/kW	320/234
Bauzeit	1968
Stückzahl	Einzelstück

Der Miura bestach vor allem durch seine niedrige Dachlinie. Die Eleganz des nur 105 Zentimeter hohen Boliden ging als Musterbeispiel des Automobildesigns in die Geschichte ein – und es hätte noch besser kommen können: 1968 zeigte Lamborghini auf dem Brüsseler Automobilsalon einen Miura Spider. Sportwagenfans hätten sich dieses Showcar als Serienmodell gewünscht, leider war ihre Hoffnung vergebens.

Lancia Aurelia GT B 20

Modell	Lancia Aurelia GT B 20
Hubraum/Zylinder	1991 ccm/6 Zyl.
PS/kW	75/55
Bauzeit	1951–1953
Stückzahl	–

Lancias Typ GT B 20 – ein elegantes Fastback-Coupé – sollte eine Alternative für jene sein, die eine aufregende viertürige Limousine suchten. Zwar ging es auf der hinteren Sitzbank dieses Zweitürers recht beengt zu, dafür logierten Fahrer und Beifahrer aber in regelrechten Ledersesseln. Das Armaturenbrett dominierten drei große Rundinstrumente, die der Fahrer bestens im Blick hatte.

Lancia Aurelia B 24 Spider

Gleich nach seinem Debüt war sich die Fachpresse sicher, dass Lancia mit dem Aurelia Spider einen der schönsten und faszinierendsten Sportwagen der 1950er Jahre realisiert hatte. Nach 240 gebauten Wagen gab es im Rahmen der Modellpflege einige optische und technische Korrekturen, außerdem wurde die zu Recht bemängelte Verdeckkonstruktion verbessert.

Modell	Lancia Aurelia B 24 Spider
Hubraum/Zylinder	2458 ccm/6 Zyl.
PS/kW	108/79
Bauzeit	1956–1959
Stückzahl	–

Maserati A6 GCS

Nachdem Maserati in den 1930er Jahren viele hochkarätige Rennsportwagen gebaut hatte, beschäftigte sich das Unternehmen
1946 erstmals mit der Konstruktion eines Straßensportwagens,
des A6. Der A6, dem ein von Anfang an gut durchdachtes Konzept
zu Grunde lag, blieb für lange Zeit die tragende Säule des Modell-
programms. Regelmäßig wurde der Hubraum angehoben und
die Leistungsabgabe gesteigert.

Modell	Maserati A6 GCS
Hubraum/Zylinder	1985 ccm/6 Zyl.
PS/kW	167/122
Bauzeit	1953–1957
Stückzahl	–

Maserati 3500 GT

Modell	Maserati 3500 GT
Hubraum/Zylinder	3485 ccm/6 Zyl.
PS/kW	220/161
Bauzeit	1958–1964
Stückzahl	ca. 2000

1957 überraschte Maserati mit einem zweisitzigen Coupé, unter dessen Haube ein Motor mit zwei oben liegenden Nockenwellen arbeitete. Außerdem verfügte das Sechszylinder-Aggregat über eine Doppelzündung und es wurde von drei Doppelvergasern beatmet. Die Karosserie des 230 km/h schnellen Coupés entstand übrigens in Leichtbauweise.

Maserati Indy

Modell	Maserati Indy
Hubraum/Zylinder	4136 ccm/8 Zyl.
PS/kW	260/190
Bauzeit	1968–1974
Stückzahl	1136

Während die Konkurrenz ihre Wagen längst mit hinterer Einzelradaufhängung ausstattete, begnügte sich der Maserati Indy
Ende der 1960er Jahre noch immer mit einer hinteren Starrachse
und Blattfedern. Der laut Werksangaben vollwertige Viersitzer
wurde mit einem V8-Motor bestückt und erreichte eine Spitze
von 245 km/h – diesen Wert konnten andere Viersitzer 1969
nicht überbieten.

Volvo P 1900 Sport

Es ist recht ungewöhnlich, wenn ein Hersteller von Lastwagen und soliden Limousinen plötzlich einen Sportwagen präsentiert. Genau das tat Volvo 1954. Überraschenderweise bestückte Volvo dieses Modell noch mit einer aus Glasfiber gefertigten Karosserie. Da im kalten Norden kaum jemand so einen Wagen kaufen würde, sollte der P 1900 Sport hauptsächlich den Exportmarkt bedienen.

Modell	Volvo P 1900 Sport
Hubraum/Zylinder	1414 ccm/4 Zyl.
PS/kW	70/51
Bauzeit	1956–1957
Stückzahl	67

Chevrolet Corvette

Längst ist der Name Corvette in der Sportwagenszene ein fester Begriff. Das war allerdings nicht immer so, denn die allererste Corvette hatte ein Problem: Motor- und Fahrleistung entsprachen nicht den Erwartungen. Dank intensiver Modellpflege ließ sich das jedoch schnell ändern, und das anfangs mit einer Kunststoffkarosserie bestückte Auto hat mittlerweile den Rang eines Kultmobils erlangt.

Modell	Chevrolet Corvette
Hubraum/Zylinder	3859 ccm/6 Zyl.
PS/kW	150/110
Bauzeit	1953–1955
Stückzahl	4640

Chevrolet Corvette

Modell	Chevrolet Corvette
Hubraum/Zylinder	4342 ccm/8 Zyl.
PS/kW	195/143
Bauzeit	1956–1962
Stückzahl	64 375

Als Chevrolets Chefkonstrukteur Duntov die Corvette 1955 mit einem V8-Motor bestückte, konnte man anstelle des Automatikgetriebes erstmals eine manuelle Dreigangschaltung ordern. 1956 entschieden sich die Designer für ein größeres Facelifting: Die optischen Retuschen standen dem Sportwagen nicht schlecht, und 1958, mit der Einführung von Doppelscheinwerfern, sah die Corvette besser aus denn je.

Chevrolet Corvette Sting Ray

Das neue Outfit, in dem sich die Corvette ab 1963 zeigte, war nicht mehr unter der Federführung von Harley Earl entstanden, jetzt prägte Designer Bill Mitchell das Erscheinungsbild des Wagens. Mitchell kreierte zunächst das sogenannte Split-Window, eine geteilte Heckscheibe, die es nur 1963 gab. Die Technik hielt ebenfalls Neuigkeiten parat: Endlich besaß die Corvette eine unabhängige Hinterradfederung.

Modell	Chevrolet Corvette Sting Ray
Hubraum/Zylinder	5359 ccm/8 Zyl.
PS/kW	250/183
Bauzeit	1963–1967
Stückzahl	45 546 (nur Coupés)

Ford Thunderbird

Modell	Ford Thunderbird
Hubraum/Zylinder	5113 ccm/8 Zyl.
PS/kW	210/154
Bauzeit	1955–1957
Stückzahl	53 166

Als die ersten Bestellungen für den Thunderbird eingingen, prognostizierte man eine Jahresproduktion von etwa 10 000 Einheiten – die Händler legten dem Konzern allerdings 16 000 Aufträge vor. 1957/58 sorgten 21 000 Bestellungen für volle Auftragsbücher, und der Aufwärtstrend schien nicht abzureißen, jeder schien dieses „real car", das im Gegensatz zur Corvette eine Stahlkarosserie besaß, haben zu wollen.

Ford Mustang

Modell	Ford Mustang
Hubraum/Zylinder	4728 ccm/8 Zyl.
PS/kW	228/167
Bauzeit	1964–1967
Stückzahl	–

Ford konnte sich glücklich schätzen, gleich beim Debüt des Mustangs mehr als 22 000 Bestellungen verzeichnen zu dürfen. All diese frühen Modelle wurden zwar mit einem Sechszylinder-Motor bestückt, doch der Ausbau der Modellpalette mit kräftigen V8-Aggregaten ließ nicht lange auf sich warten. Zudem stattete Ford ab 1966 den Mustang mit vorderen Scheibenbremsen aus.

Ford Mustang Shelby GT 500

1967 begannen die Proportionen des Mustang zu wachsen, und das einst formschöne Automobil nahm an Länge und Breite zu. Carroll Shelby, der sich auf das Tunen von Mustang-Modellen spezialisiert hatte, störte das kaum. Seine Kundschaft wollte nur eines: Power. Shelbys Kreation für 1969 hieß GT 500. Unter der Haube dieses breiten Kraftpaketes gab auf Wunsch ein 7-Liter-V8-Motor den Ton an.

Modell	Ford Mustang Shelby GT 500
Hubraum/Zylinder	7033 ccm/8 Zyl.
PS/kW	340/249
Bauzeit	1969–1970
Stückzahl	–

Ford GT 40

Modell	Ford GT 40
Hubraum/Zylinder	4728 ccm/8 Zyl.
PS/kW	340/250
Bauzeit	1966–1972
Stückzahl	107

Der Ford-Konzern kreierte in den 1960er Jahren mit dem GT 40 einen Sportwagen, der auf Oldtimer-Auktionen mittlerweile Rekordpreise erzielt. Der ultraflache Zweisitzer wurde in erster Linie für den Wettbewerbssport entwickelt. Auf Grund der großen Nachfrage entstand später eine limitierte Straßenversion.

Nissan Datsun 240 Z

Bei Nissan steht der Buchstabe Z für eine über 35-jährige Sport-
wagen-Tradition, die mittlerweile in der fünften Generation fort-
lebt. Der „Urknall" zur später erfolgreichsten Sportwagenreihe
der Welt erfolgte 1969 mit dem Debüt des Datsun 240 Z auf
der Tokio Motor Show. Der schnittige Zweisitzer wurde mit dem
Slogan „ein Coupé mit Komfort und Kofferraum" präsentiert.

Modell	Nissan Datsun 240 Z
Hubraum/Zylinder	2393 ccm/6 Zyl.
PS/kW	130/96
Bauzeit	1969–1974
Stückzahl	–

1970–2000

Intelligente Technik und modernes Design
Auf dem Weg zu mehr Leistung

Die Sehnsucht nach sportlicher Eleganz gewann in den 1970er, 1980er und 1990er Jahren schnell die Oberhand: Mit schöner Regelmäßigkeit debütierte auf den internationalen Salons all das, was zwischenzeitlich als sogenannter Klassiker in die Automobilgeschichte eingegangen ist. Gediegene Zweitürer, auch wenn sie auf der Basis einer praktischen Limousine entstanden sind, waren gefragt wie nie zuvor. Wichtig war vor allen Dingen, dass ihr Erscheinungsbild der Feder eines namhaften Designers entsprungen war.

Dass die Optik stimmen musste, war auch den Japanern bekannt. Als sie in den frühen Siebzigern erstmals europäischen Boden betraten, wurden sie zunächst noch belächelt. Inzwischen haben sie sich auf dem Sportwagensektor etablieren können und wissen, dass sie nur mit „westlich" angehauchtem Design Erfolg haben können. Saturo Nozaki, einer der führenden fernöstlichen Automobildesigner, war mit dem europäischen Designstil übrigens von Anfang an bestens vertraut – schließlich genoss er in den frühen 1960er Jahren eine Ausbildung am „Art Center College of Design" in Los Angeles.

Eine Spitzengeschwindigkeit von 180 km/h war in den 1950er Jahren für einen Sportwagen ein durchaus akzeptabler Wert. Zwanzig Jahre später durfte es gern etwas mehr sein – das „Wettrüsten" begann. Obwohl zahlreiche kleinere Wagen mit einem nur 1,3 Liter großen Vierzylinder vor Agilität nur so strotzten und zum Verkaufshit avancierten, arbeitete unter anderen Motorhauben aus Imagegründen ein Zwölfzylinder mit vier oben liegenden Nockenwellen. Als Ergebnis der vom Rennsport abgeleiteten Technik sprangen jede Menge PS heraus, genug für überzeugende Höchst-geschwindigkeiten von 250 km/h oder mehr. Aber ein Ende war nicht abzusehen. Die Leistungskurve zeigte in den Folgejahren noch steiler nach oben. Der Druck nach permanenter Leistungssteigerung und höheren Spitzengeschwindigkeiten ließ ab den 1980er Jahren immer öfter unkonventionelle Karosserielinien entstehen. Ebenfalls ungewöhnlich war die zunehmende Verwendung sogenannter High-Tech-Materialien. Die neuen Konzepte und das eigenwillige Erscheinungsbild polarisierte durchaus, wurden aber im Allgemeinen wohlwollend aufgenommen.

Noch eines haben die letzten Jahrzehnte der Automobilgeschichte beschert: den Allradantrieb im Sportwagen. Diese schon Dekaden zuvor entwickelte Antriebstechnik kam 1980 im ersten Audi quattro zum Einsatz. Der im Wettbewerbssport erfolgreich eingesetzte Siegertyp veränderte nachhaltig die Technikwelt und begründete eine Erfolgsgeschichte, die bis heute anhält. Der Mythos vom permanenten Antrieb über alle vier Räder ist, auch dank sorgsamer Pflege, heute stärker und lebendiger denn je. Die Technologie hat sich nicht nur bei Audi oder speziell im Motorsport eindrucksvoll durchgesetzt, sondern auch im Straßenverkehr. Allradantrieb bedeutet mehr als nur permanente Traktion – der Begriff ist mittlerweile zum Synonym für konsequente Dynamik, für schnelles und sicheres Fahren geworden.

Kommerzielle Erfolge beschert den Automobilherstellern seit längerem auch die Fahrzeugklasse sogenannter Sportlimousinen. Mittlerweile führt fast jeder Hersteller eine viertürige „High-End-Version" mit edlem Interieur im Programm und sorgt so bei den automobilen Connaisseurs für Begeisterung.

Wer heute in einem modernen Sportwagen den Zündschlüssel dreht oder den Startknopf drückt, spürt förmlich die Kraft des Motors. Für manche ist das ein sehr emotionaler Vorgang – vielleicht sogar die ganz persönliche „Love affair" zwischen Auto und Automobilist.

147

Audi quattro

Der erste Audi quattro stand 1980 im Rampenlicht des Genfer Automobilsalons. Er begründete eine Erfolgsgeschichte, die bis heute anhält. Das kantig gezeichnete Coupé wurde auf Anhieb zum Bestseller, denn mit seinem permanenten Allradantrieb und dem starken Fünfzylinder-Turbo bot der Wagen eine sportliche Performance auf faszinierend revolutionäre Art.

Modell	Audi quattro
Hubraum/Zylinder	2144 ccm/5 Zyl.
PS/kW	200/147
Bauzeit	1980–1991
Stückzahl	11 429

Audi Sport quattro

Modell	Audi Sport quattro
Hubraum/Zylinder	2144 ccm/5 Zyl.
PS/kW	306/225
Bauzeit	1984
Stückzahl	224

Innerhalb der quattro-Baureihe erschien 1984 ein in limitierter Auflage gebautes Sondermodell, das heute einen legendären Ruf genießt – der Sport quattro mit nur 2204 Millimeter Radstand. Sein neu entwickelter Vierventil-Turbo-Motor mit Aluminium-Zylinderblock brachte es auf 306 PS, der großzügige Einsatz von Kevlar und anderen Leichtbaumaterialien wies ihn als Rallyegerät für die Straße aus.

BMW M 635 CSi

Mitte der 1970er Jahre präsentierte BMW mit der 6er-Reihe ein Oberklasse-Coupé, dem ein außergewöhnlicher Verkaufserfolg beschieden sein sollte: Bis zum Produktionsende 1989 konnten mehr als 86 000 Exemplare (alle Varianten) verkauft werden. Nie zuvor war ein BMW Coupé erfolgreicher gewesen. Zu den begehrtesten Versionen zählte übrigens der vergleichsweise teure M 635 CSi, er war schon damals selten anzutreffen.

Modell	BMW M 635 CSi
Hubraum/Zylinder	3453 ccm/6 Zyl.
PS/kW	286/210
Bauzeit	1984–1989
Stückzahl	5915

Modell	BMW 850 i
Hubraum/Zylinder	4988 ccm/12 Zyl.
PS/kW	300/220
Bauzeit	1989–1992
Stückzahl	18 513

Nachdem BMW Anfang 1989 das 6er-Coupé aus dem Programm genommen hatte, stand mit dem 850 i bereits ein Nachfolger in den Startlöchern. Das zunächst 300 PS starke Luxuscoupé wurde bis 1999 in zahlreichen Leistungsstufen gebaut. Das erste hier gezeigte Baumuster war damals ab 135 000 DM zu haben. Die Höchstgeschwindigkeit des 850 i wurde übrigens elektronisch auf 250 km/h abgeregelt.

BMW 850 CSi

Modell	BMW 850 CSi
Hubraum/Zylinder	5379 ccm/12 Zyl.
PS/kW	326/240
Bauzeit	1992–1996
Stückzahl	1510

Der 8er-BMW – von der Optik her ein Nachfolgemodell der 6er-Baureihe – war mit mehr als 31 000 verkauften Einheiten (alle Modellvarianten) ein besonderer Meilenstein in der BMW-Coupé-Geschichte: Seine Acht- und Zwölf-Zylinder-Motoren katapultierten den schnittigen Wagen auf bis zu 250 km/h und ermöglichten seinem Fahrer ein bis dahin unerreichtes genussvolles Dahingleiten.

BMW 2002 turbo

Einen ungünstigeren Zeitpunkt als die Ölkrise hätte es kaum geben können: Der BMW 2002 turbo, ein kostspieliges Liebhaberfahrzeug, debütierte ausgerechnet 1973. Das 210 km/h schnelle Insidermodell (ab 18 720 DM erhältlich) blieb nur zehn Monate lang in Produktion. Heute ist der mit einem auffälligen Bugspoiler bestückte Wagen ein heiß begehrter Klassiker.

Modell	BMW 2002 turbo
Hubraum/Zylinder	1990 ccm/4 Zyl.
PS/kW	170/125
Bauzeit	1973–1974
Stückzahl	1672

BMW M1

Als 1978 der Pariser Automobil Salon seine Pforten öffnete, kannten die Sportwagenfans nur ein Ziel – die Repräsentanz der BMW Motorsport GmbH. Dort stand der seinerzeit schnellste Straßensportwagen Deutschlands, der BMW M1. Er war nur 1140 mm hoch, 277 PS stark und deutlich über 260 km/h schnell. Zu erwerben war das elegante Sportgerät übrigens für genau 100 000 DM!

Modell	BMW M1
Hubraum/Zylinder	3453 ccm/6 Zyl.
PS/kW	277/204
Bauzeit	1978–1981
Stückzahl	450

Modell	BMW M3
Hubraum/Zylinder	2302 ccm/4 Zyl.
PS/kW	200/147
Bauzeit	1986–1990
Stückzahl	17 704

Auf der IAA im Herbst 1985 zeigte sich der M3 erstmals einer breiten Öffentlichkeit. Auch ohne Sonderlackierung war er unschwer von den übrigen 3ern zu unterscheiden: Eine Handbreit über dem Kofferraumdeckel thronte ein wagenbreiter Heckflügel. Wer lange genug verglich, entdeckte auch, dass die C-Säule beim M3 eine Nuance breiter war und flacher auslief.

BMW M3 Evo

Modell	BMW M3 Evo
Hubraum/Zylinder	2467 ccm/4 Zyl.
PS/kW	220/162
Bauzeit	1988–1991
Stückzahl	500

Die Standfestigkeit des M3-Vierzylinders im harten Einsatz auf den Rennstrecken bescherte den Privatkunden 1988 ein spezielles Angebot: Mit dem Zusatz „Evo" (für „Evolution") legte BMW einen besonders leistungsstarken M3 mit viel Spoilerwerk auf. Befeuert wurde diese Version von einer 220-PS-Maschine, die Kat-Variante brachte es auf 215 PS.

BMW Z1

Zehn Jahre nach dem Debüt des M1 sorgte der Z1 für Aufsehen. Die BMW Technik GmbH hatte ihn ursprünglich als Technologieträger für alternative Karosseriekonzepte erdacht und gebaut. Als der Roadster schließlich in Serie ging, besaß er ein Stahl-Monocoque-Chassis. Diese Konstruktion war einerseits leicht, wies aber andererseits eine enorme Steifigkeit auf.

Modell	BMW Z1
Hubraum/Zylinder	2494 ccm/6 Zyl.
PS/kW	171/126
Bauzeit	1986–1991
Stückzahl	8012

Ford Capri RS 2600

Mit einer in mattem Schwarz lackierten Haube, die dezent die Sportlichkeit der RS-Version unterstrich, eroberte sich der Capri I in den 1970er Jahren die Herzen der jüngeren Generation. Während das schwächste Modell sich mit einem V4-Motor (50 PS) zufrieden geben musste, bot der RS (sechs Zylinder) echtes Sportvergnügen.

Modell	Ford Capri RS 2600
Hubraum/Zylinder	2550 ccm/6 Zyl.
PS/kW	150/110
Bauzeit	1970–1973
Stückzahl	–

Isdera Imperator 108i

Modell	Isdera Imperator 108i
Hubraum/Zylinder	4973 ccm/8 Zyl.
PS/kW	330/243
Bauzeit	1984–1990
Stückzahl	–

Die schwäbische Ingenieurgesellschaft für Styling, Design und Racing mbH – kurz Isdera – stellt seit 1983 diverse hochkarätige Sportwagen her. Alle Modelle entstehen in Kleinstauflage und Handarbeit, ein Garant für die Exklusivität der Marke. Der Imperator 108i, dessen Flügeltüren an den Mercedes-Benz-C-111-Prototypen der 1960er Jahre erinnern, feierte sein Debüt auf dem Genfer Salon 1984.

Isdera Commendatore 112i

Modell	Isdera Commendatore 112i
Hubraum/Zylinder	6900 ccm/12 Zyl.
PS/kW	620/403
Bauzeit	ab 1993
Stückzahl	–

Als der „Commendatore 112i" 1993 auf den Markt kam, kostete
er etwa 400 000 DM. Dafür erhielt man einen 342 km/h schnellen Supersportwagen, unter dessen zweigeteilter Motorhaube
im Heck ein Mercedes-Benz-Motor arbeitete. Die Karosserie des
ultraflachen Commendatore (104 Zentimeter) ruhte auf einem
stabilen Gitterrohrrahmen und wurde, um Gewicht zu sparen,
aus Glasfiber gefertigt.

Mercedes-Benz 350 SL

Die Entscheidung, 1971 eine neue SL-Generation auf den Markt zu bringen, fällte Daimler-Benz schon 1968. Der unter dem werksinternen Kürzel R 107 gefertigte Roadster blieb zur Freude seiner Fans von einem hässlichen, die Linie zerstörenden Überrollbügel verschont. Dafür blieb als einziges Sicherheitspotenzial bei einem eventuellen Überschlag die kräftig strukturierte A-Säule.

Modell	Mercedes-Benz 350 SL
Hubraum/Zylinder	3499 ccm/8 Zyl.
PS/kW	200/147
Bauzeit	1971–1980
Stückzahl	–

Mercedes-Benz 500 SL

In seiner so erst nicht geplanten, aber letztlich 18 Jahre andauernden Lebenszeit wurden dem SL (R 107) eine ganze Reihe von Sechs- und Achtzylindermotoren eingepflanzt. Entsprechend vielfältig waren die Modellbezeichnungen. Insgesamt verließen exakt 237 287 SL (alle Versionen zusammengefasst) die Bänder. Der 300 SL (ab 1985) gehörte unter anderem übrigens zur erfolgreichen „Sechszylinderfraktion".

Modell	Mercedes-Benz 500 SL
Hubraum/Zylinder	4973 ccm/8 Zyl.
PS/kW	240/176
Bauzeit	1980–1989
Stückzahl	–

Mercedes-Benz SL 600

Modell	Mercedes-Benz SL 600
Hubraum/Zylinder	5987 ccm/12 Zyl.
PS/kW	394/290
Bauzeit	1993–2001
Stückzahl	–

Der V12-Motor des SL 600 entwickelte bereits bei 1800/min sein maximales Drehmoment von 800 Newtonmetern – damit war Souveränität in jeder Fahrsituation gewährleistet. Für die Beschleunigung von 0 auf 100 km/h benötigte der SL 600 nur 4,7 Sekunden. Den Zwischenspurt von 60 auf 120 km/h absolvierte er in 4,9 Sekunden, die Höchstgeschwindigkeit wurde elektronisch auf 250 km/h begrenzt.

Mercedes-Benz CLK-GTR

Formal auf Basis des Mercedes-Coupés CLK hatte Daimler-Benz einen Hochleistungs-Sportwagen entwickelt, der zugleich die Grundlage eines neuen Rennfahrzeugs für die FIA-GT-Meisterschaft bildete. Als Ableger dieses Super-Coupés entstand auch eine limitierte straßentaugliche Version.

Modell	Mercedes-Benz CLK-GTR
Hubraum/Zylinder	6900 ccm/12 Zyl.
PS/kW	560/412
Bauzeit	1997–2000
Stückzahl	–

Porsche Carrera RS 2.7

Modell	Porsche Carrera RS 2.7
Hubraum/Zylinder	2687 ccm/6 Zyl.
PS/kW	210/154
Bauzeit	1973–1975
Stückzahl	–

1972 wurde zum ersten Mal einem Porsche 911 der Carrera-Schrift-zug verliehen. Der Name stammte von der Carrera Panamericana, einem Straßenrennen, das in den 1950er Jahren durch Mexiko führte. Der 911 Carrera RS 2.7 avancierte dank seiner 210 PS zum schnellsten Straßenauto Deutschlands. Die Höchstgeschwindigkeit lag bei 245 km/h. Charakteristisches Merkmal dieses Modells war der „Entenbürzel" am Heck.

Porsche 911 Carrera 3.2

Modell	Porsche 911 Carrera 3.2
Hubraum/Zylinder	3164 ccm/6 Zyl.
PS/kW	231/170
Bauzeit	1983–1989
Stückzahl	–

Überlegene Fahrleistungen zeichneten den Sportwagen aus Zuffenhausen von Anfang an aus. 1963 hieß das: Innerhalb von 9,1 Sekunden von 0 auf Tempo 100 km/h, Höchstgeschwindigkeit 210 km/h. Damals wie heute handelt es sich beim Triebwerkum einen Sechszylinder-Boxer-Motor mit unverwechselbarem Sound, auch wenn die Leistung inzwischen – je nach Modell – auf mehr als 420 PS angestiegen ist.

···Porsche 911 Carrera 2 Speedster·······

Den Speedster baut nur Porsche. Dort hat er seit 1954 Tradition.
Er wurde schon immer in geringen Stückzahlen gefertigt, und
daran wird sich auch in Zukunft nichts ändern. Nach dem Erfolg
des Speedsters von 1988 präsentierte Porsche drei Jahre später
auf dem Pariser Salon einen Nachfolger. Der Speedster läuft übrigens 260 km/h und beschleunigt in 5,7 Sekunden auf 100 km/h.

Modell	Porsche 911 Carrera 2 Speedster
Hubraum/Zylinder	3164 ccm/6 Zyl.
PS/kW	231/170
Bauzeit	1988–1989
Stückzahl	2103

Porsche 911 GT 1

Nachdem der Porsche 911 GT 1 im Jahre 1996 gleich mehrere Siege eingefahren hatte, entschied das Werk, diesen Super-Sportwagen in einer exklusiven Kleinserie auch als Straßenversion zu bauen. Der 1150 Kilogramm leichte GT 1 beschleunigt von 0 auf 100 km/h in nur 3,7 Sekunden und bringt es auf eine Spitze von 310 km/h. Das seinerzeit 1,5 Millionen DM teure Sportgerät wurde speziell nach Kundenwunsch lackiert.

Modell	Porsche 911 GT 1
Hubraum/Zylinder	3163 ccm/6 Zyl.
PS/kW	544/400
Bauzeit	1997
Stückzahl	30

Modell	Porsche 959
Hubraum/Zylinder	2849 ccm/6 Zyl.
PS/kW	450/331
Bauzeit	1987–1988
Stückzahl	292

Von großer Bedeutung in der Geschichte des Hauses Porsche war das Jahr 1987: Man stellte einen ganz besonderen Vertreter der Baureihe 911 vor, das Modell 959. Der 959 war ein „Über-911" und ein allradgetriebener Technologieträger. Zunächst für den Motorsport in der sogenannten „Gruppe B" vorgesehen, wurde in diesem Hochleistungssportwagen ohne wirtschaftliche Vorgaben eingebaut, was technisch machbar war.

Volkswagen Golf GTI

Modell	Volkswagen Golf GTI
Hubraum/Zylinder	1781 ccm/4 Zyl.
PS/kW	110/81
Bauzeit	1976–1983
Stückzahl	350 000

1976 sorgt ein 182 km/h flotter und kompakter Volkswagen für Aufruhr, weil er erstmals in den Rückspiegeln schneller Sportwagen und schwerer Limousinen auftaucht – der GTI. Geplante Auflage dieses Modells: limitierte 5000 Exemplare. Doch der GTI avanciert aus dem Stand heraus zum Bestseller und wird zum Synonym der sportlichen Kompaktklasse.

Volkswagen Golf GTI

Auch in der zweiten, 1984 vorgestellten Generation bleibt der GTI ein Phänomen innerhalb der Marke VW. Obwohl er sich den Markt nun mit Mitbewerbern namens GSi oder XRi teilen muss, entscheidet sich die Mehrheit der Käufer für das „Original" unter den schnellen Kompakten. Die durchschnittliche Jahresproduktion des GTI liegt bei 630 000 Einheiten.

Modell	Volkswagen Golf GTI
Hubraum/Zylinder	1781 ccm/4 Zyl.
PS/kW	129/95
Bauzeit	1984–1990
Stückzahl	–

Volkswagen Golf GTI G 60

Modell	Volkswagen Golf GTI G 60
Hubraum/Zylinder	1781 ccm/4 Zyl.
PS/kW	160/118
Bauzeit	1991
Stückzahl	–

1991 debütierte die dritte, bis 1997 gebaute GTI-Generation, für die sich – statistisch betrachtet – jährlich etwa 530 000 Autofahrer erwärmen konnten. Zu den Highlights der dritten Baureihe zählte auch der nur für kurze Zeit aufgelegte G 60, dem mittels eines Ladeluftkühlers zu 160 PS Leistung verholfen wurde. Er erreichte eine Spitze von 220 km/h.

Volkswagen Scirocco GTI

1974, noch vor dem Debüt des Golf, kam bereits seine Coupé-Version namens Scirocco auf den Markt. Nachdem sich der neue 2 + 2-Sitzer auf dem Markt gut platziert hatte, wurde die Modellreihe 1976 um eine 190 km/h schnelle GTI-Variante ergänzt. Ende 1980, nach etwa 495 000 gebauten Einheiten (alle Modelle) endete die Karriere der ersten Scirocco-Generation.

Modell	Volkswagen Scirocco GTI
Hubraum/Zylinder	1781 ccm/4 Zyl.
PS/kW	110/81
Bauzeit	1976–1980
Stückzahl	–

Volkswagen Scirocco
GTI 1.8 16V

Wesentlich glatter gestylt als sein Vorgänger, zeigte sich ab 1981 der Scirocco II auf den Straßen. Dieses von Giugiaro gezeichnete Modell wurde zuletzt mit dem 1,8 Liter großen Einspritzmotor bestückt, entweder mit zwei oder mit vier Ventilen pro Zylinder. Letztere Version brachte den Scirocco nach 8,6 Sekunden an die 100-km/h-Marke, die Spitze lag bei 200 km/h.

Modell	Volkswagen Scirocco GTI 1.8 16V
Hubraum/Zylinder	1781 ccm/4 Zyl.
PS/kW	129/95
Bauzeit	1985–1992
Stückzahl	–

AC Autocraft Cobra

Modell	AC Autocraft Cobra
Hubraum/Zylinder	4942 ccm/8 Zyl.
PS/kW	224/165
Bauzeit	1986–1995
Stückzahl	–

Von 1986 an entstanden auf der Britischen Insel in der Nähe von Weybridge wieder Sportwagen, die berechtigt waren, den Markennamen Cobra zu führen. Die Herstellerfirma (AC Autocraft) nutzte zur Produktion der Alu-Karosserie übrigens die alten Originalpressen, beim Motor handelte es sich standesgemäß um ein Ford Aggregat. 1995 stellte Autocraft die Produktion jedoch schon wieder ein.

Aston Martin Vantage Le Mans

Für Aston-Martin-Fahrer, die das Besondere suchten, hielt das Werk mit dem Virage „Limited-Edition-Coupé" bereits 1994 eine interessante Sonderedition bereit – diesen Wagen gab es nur zehnmal. Zwei Jahre später durften sich die Sammler wieder freuen, denn zum Auslaufen der Virage- bzw. Vantage-Baureihe erschien als letzte Ausbaustufe die genau 40-mal gebaute „Le-Mans"-Version.

Modell	Aston Martin Vantage Le Mans
Hubraum/Zylinder	6347 ccm/8 Zyl.
PS/kW	600/441
Bauzeit	1996–1999
Stückzahl	40

Jaguar E-Type Series 3

Modell	Jaguar E-Type Series 3
Hubraum/Zylinder	5354 ccm/12 Zyl.
PS/kW	276/202
Bauzeit	1971–1974
Stückzahl	15 287

Der Jaguar E-Type machte nicht nur auf den Boulevards und Straßen eine gute Figur, er hatte auch die Lizenz zum Siegen, und zwar im Motorsport. Unter anderem zählte Graham Hill zu den Fahrern, die in Brands Hatch und Silverstone für viel Aufmerksamkeit sorgten. Der Erfolg im sportlichen Wettbewerb bescherte Jaguar bis zum Produktionsende 1974 stets hohe Verkaufszahlen.

Jaguar XJ 220

Nach dem erfolgreichen Debüt des XJ-220-Prototypen entschloss sich Jaguar, diesen Supersportwagen in etwas abgewandelter Form doch als Kleinserienmodell auf den Markt zu bringen. Entgegen früherer Pläne verzichtete man allerdings auf Allradantrieb und anstelle des 12-Zylinder-Motors wurde die 320 km/h schnelle Serienversion mit einem leistungsstarken V6-Turbo-Motor bestückt.

Modell	Jaguar XJ 220
Hubraum/Zylinder	3498 ccm/6 Zyl.
PS/kW	549/404
Bauzeit	1992–1994
Stückzahl	280

Lotus Elise

Modell	Lotus Elise
Hubraum/Zylinder	1796 ccm/4 Zyl.
PS/kW	120/88
Bauzeit	ab 1997
Stückzahl	–

Mitte der 1990er Jahre entwickelten die Lotus-Ingenieure mit dem Elise einen Wagen, der laut Presseinfo „ein Riesenspaß zum Fahren ist". Das Spaßmobil basiert auf einem Aluminium-Rahmen und wiegt gerade mal 690 Kilogramm. In Verbindung mit 120 PS lässt sich eine Spitze von 202 km/h erreichen.

Lotus Elise 340 R

Modell	Lotus Elise 340 R
Hubraum/Zylinder	1796 ccm/4 Zyl.
PS/kW	177/130
Bauzeit	1999–2000
Stückzahl	340

Die unwiderstehliche Optik des 340 R und seine minimalisti-
sche Karosserie (kein Dach!) machen dieses etwa 52 000 Euro
teure Automobil zu einem kompromisslosen Sportwagen für
Enthusiasten. Ursprung des Sondermodells war eine preis-
gekrönte Designstudie, die Lotus 1998 auf der Motor Show in
Birmingham vorstellte.

TVR S4C

Neben dem heimischen Markt spielt der Absatz auf dem US-Markt für TVR eine besonders wichtige Rolle: ein weiterer Grund, weshalb TVR seit langem schon den Einbau hubraumstarker Motoren favorisiert. Als Alternative zur oberen Leistungsstufe brachte man von dem TVR V8S Roadster auch eine etwas weniger agile Version mit Sechszylinder-Motor (S4C) heraus.

Modell	TVR S4C
Hubraum/Zylinder	2933 ccm/6 Zyl.
PS/kW	175/129
Bauzeit	1991–1997
Stückzahl	–

Bugatti EB 110 SS

1987 kaufte der italienische Unternehmer Romano Artiolo die Namensrechte der ehemaligen Luxusmarke Bugatti. In seinem Werk bei Modena entstanden zwei Jahre später mit den Modellen EB 110 GT und EB 110 SS wieder Sportwagen, die den Markennamen Bugatti trugen. 1995 stellte die Bugatti Automobili Spa den Betrieb ein, und die Rechte wechselten erneut denBesitzer, diesmal griff die Volkswagen AG zu.

Modell	Bugatti EB 110 SS
Hubraum/Zylinder	3500 ccm/12 Zyl.
PS/kW	600/441
Bauzeit	1992–1995
Stückzahl	32

Alpine A 310 (Renault)

Modell	Alpine A 310 (Renault)
Hubraum/Zylinder	2664 ccm/6 Zyl.
PS/kW	150/110
Bauzeit	1977–1981
Stückzahl	ca. 9200

Ab 1977 erhielt der Alpine A 310 anstelle eines Vierzylinder-Motors einen stärkeren Sechszylinder, der seine Bewährungs-probe bereits im Renault 30 bestanden hatte. Optisch erkann-te man den 6-zylindrigen Alpine vor allem an den neu gestal-teten Scheinwerfern, seinen Dreilochfelgen und der verbreiter-ten Spur. Das Interieur profitierte von sogenannten Pilotsitzen mit verstellbarer Seitenführung.

Renault Alpine V6 GT Turbo

Für die Herstellung der selbsttragenden Kunststoff-Karosserie hatte Alpine ein Verfahren entwickelt, durch das ein Trägerrahmen aus Stahl mit Polyester-Werkstoff verstärkt und verkleidet wurde. Besonderen Wert legten die Konstrukteure auf den Luftwiderstand – dank der fließenden Linienführung und des verkleideten Unterbodens der Alpine beträgt der Luftwiderstandsbeiwert cw gerade mal 0,30.

Modell	Renault Alpine V6 GT Turbo
Hubraum/Zylinder	2458 ccm/6 Zyl.
PS/kW	200/147
Bauzeit	1986–1991
Stückzahl	325

Renault Spider

Modell	Renault Spider
Hubraum/Zylinder	1998 ccm/4 Zyl.
PS/kW	147/108
Bauzeit	1996–1999
Stückzahl	1640

„Konzipiert für den Rennsport – dressiert für den Straßengebrauch",
so lautet der Titel einer Pressemitteilung, die Renault zum Debüt
des Spiders herausgab. Der Spider ist nämlich das Ergebnis einer
großen Leidenschaft des Hauses: des Motorsports. Wer solch
einen „Duoposto" besitzt, kann damit nicht nur auf der Straße,
sondern auch auf der Piste seine Runden drehen.

Renault 5 Turbo

Modell	Renault 5 Turbo
Hubraum/Zylinder	1397 ccm/4 Zyl.
PS/kW	160/118
Bauzeit	1980–1986
Stückzahl	ca. 4000

Um 1980 an der Rallye-Weltmeisterschaft teilnehmen zu können, stellte Renault mit dem R5 Turbo einen Homologations-
wagen auf die Räder, dessen aufgeblasener Motor nicht vorn,
sondern anstelle der Rücksitzbank montiert wurde. Das so zum
Zweisitzer mutierte Gefährt erhielt außerdem ein neu konstruiertes Fahrwerk und wurde mit extremen Breitreifen bestückt.

Venturi Atlantique 300

1984 gründeten ehemalige Renault-Alpine-Mitarbeiter die Firma Venturi. Ihr Ziel, einen Sportwagen zu entwickeln und zu etablieren, erreichten sie nach mehreren Fehlschlägen erst zehn Jahre später mit dem Modell Atlantique. Der Atlantique, ein Mittelmotor-Sportwagen mit Kunststoffkarosserie, kostete etwa 80 000 Euro. Da ein Venturi immer voll ausgestattet war, gab es keine (!) Aufpreisliste.

Modell	Venturi Atlantique 300
Hubraum/Zylinder	2975 ccm/6 Zyl.
PS/kW	310/228
Bauzeit	1995–2001
Stückzahl	–

Alfa Romeo R.Z.

Modell	Alfa Romeo R.Z.
Hubraum/Zylinder	2959 ccm/6 Zyl.
PS/kW	210/154
Bauzeit	1989–1994
Stückzahl	1000

Das faszinierende Design, das den 230 km/h schnellen R.Z. zu einem Objekt der Begierde machte, entstand wie so oft am Zeichenbrett des Karossiers Zagato. Der aus Glasfiber gefertigte Aufbau wurde in Handarbeit auf den leicht modifizierten Unterbau eines Alfa Romeo 75 gesetzt. Mit einem Listenpreis von 130 000 DM ließ sich das Werk diese gelungene Synthese allerdings auch gut bezahlen.

De Tomaso Panthera

Der einst für Maserati und Osca erfolgreiche argentinische Rennfahrer Alejandro de Tomaso gründete 1959 seine Automobil-
fabrik. Mit den zunächst gebauten Monoposto-Rennern ließ
sich allerdings kaum Geld verdienen. Richtig berühmt wurde
die Marke erst nach dem Debüt des Bestsellers Panthera, den
es in mehreren Leistungsstufen und Versionen gab.

Modell	De Tomaso Panthera
Hubraum/Zylinder	5796 ccm/8 Zyl.
PS/kW	330/243
Bauzeit	1970–1996
Stückzahl	ca. 9000

Ferrari 365 GT/4 BB

Die Berlinetta Boxer (BB) war Ferraris erster Straßensportwagen mit einem mittig platzierten Antriebsaggregat. Der
4,4 Liter große Zwölfzylinder verfügte über vier obenliegen-
de Nockenwellen, die – auch das war neu – nicht per Kette,
sondern mit Hilfe von zwei Zahnriemen angetrieben wurden.
Die Fahrleistungen: Von 0 auf 100 km/h in 6 Sekunden bei
einer Spitze von 278 km/h.

Modell	Ferrari 365 GT/4 BB
Hubraum/Zylinder	4391 ccm/12 Zyl.
PS/kW	351/258
Bauzeit	1971–1976
Stückzahl	387

Ferrari 512 BB

Modell	Ferrari 512 BB
Hubraum/Zylinder	4943 ccm/12 Zyl.
PS/kW	360/265
Bauzeit	1976–1981
Stückzahl	929

Im Rahmen der Weiterentwicklung und Modellpflege folgte dem 365 GT/4 BB Ende 1976 der 512 BB. Bei ihm bezieht sich die Typenbezeichnung nicht mehr auf den Hubraum eines einzelnen Zylinders: „5" steht für 5 Liter Hubraum insgesamt und die „12" bedeutet 12 Zylinder. Die ab 1981 gebauten Versionen mit elektronischer Benzineinspritzung trugen die Bezeichnung 512 BBi.

Ferrari Testarossa

Das gewöhnungsbedürftige Design des Testarossa war nicht jedermanns Geschmack, doch die geschwungenen Schlitze in den Flanken erfüllten ihren Zweck: Sie führten den vor den Hinterrädern platzierten Kühlern ordentlich Frischluft zu. Der Zwölfzylinder-Flachmotor brachte den Testarossa auf 293 km/h Höchstgeschwindigkeit.

Modell	Ferrari Testarossa
Hubraum/Zylinder	4942 ccm/12 Zyl.
PS/kW	390/287
Bauzeit	1984–1996
Stückzahl	9937

Ferrari 288 GTO

Modell	Ferrari 288 GTO
Hubraum/Zylinder	2855 ccm/8 Zyl.
PS/kW	400/294
Bauzeit	1984–1986
Stückzahl	272

Auf den ersten Blick sieht der GTO mehr nach einem aufgeblasenen 308 GTB aus, doch die Eckdaten dieses agilen Achtzylinders (305 km/h Spitze) sprechen für sich: Sein nicht quer, sondern längs eingebauter Doppelturbo-Motor mobilisiert 400 Pferdestärken und dreht dabei 7000 Touren/min. Zu haben war der GTO in nur einer Farbe: Rot!

Ferrari F 40

Modell	Ferrari F 40
Hubraum/Zylinder	2936 ccm/8 Zyl.
PS/kW	478/351
Bauzeit	1987–1992
Stückzahl	1311

Der als GTO-Nachfolger konzipierte F 40 bereicherte passend zum 40-jährigen Firmenjubiläum die Sportwagenszene. Die Tachonadel dieses rasanten Sportwagens kommt erst bei 324 km/h zum Stillstand, die Beschleunigung aus dem Stand bis zur 100-km/h-Marke ist bereits nach 4,6 Sekunden erreicht. Als Neuwagen kostete der F 40 260 000 DM, heute zahlt man für das Objekt der Begierde ein Vielfaches.

Lamborghini Countach LP 400

1974 wurde endlich die serienreife Version des neuen Countach LP 400 der Öffentlichkeit präsentiert. In die Entwicklung dieses Hochleistungswagens waren jede Menge Erkenntnisse aus dem Motorsport eingeflossen, ein erster Prototyp (LP 500) des flachen „Rennkeils" war bereits auf dem Genfer Salon 1971 zu sehen. Das Spektakuläre am LP 400 waren natürlich seine nach oben wegschwingenden Türen.

Modell	Lamborghini Countach LP 400
Hubraum/Zylinder	3929 ccm/12 Zyl.
PS/kW	375/275
Bauzeit	1974–1978
Stückzahl	150

Lamborghini Countach 25

1982 kam im Countach LP 500 S ein neuer 5-Liter-Motor mit 375 PS zum Einsatz. 1985 erfuhr der Bolide mit neuer Vierventil-Technik seine dritte Produktaufwertung und wurde in LP 500 S QV umbenannt. Als Lamborghini 1988 sein 25-jähriges Bestehen als Hersteller von Sportwagen feiern konnte, erschien der Countach in seiner letzten Auflage, die das Werk als Jubiläumsedition auf den Markt brachte.

Modell	Lamborghini Countach 25
Hubraum/Zylinder	4754 ccm/12 Zyl.
PS/kW	430/316
Bauzeit	1988–1990
Stückzahl	657

Lamborghini Diablo

Modell	Lamborghini Diablo
Hubraum/Zylinder	5700/12 Zyl.
PS/kW	492/362
Bauzeit	1990–1994
Stückzahl	–

Im Mai 1990 wurde die Produktion des Countach nach 19 Jahren Bauzeit eingestellt. Der Weg war frei für den Diablo. Produktion und Verkauf des Diablo erreichten bereits ein Jahr später ihren Höhepunkt, und die Jahresbilanz zeigte schwarze Zahlen. Doch die Krise des Weltmarktes näherte sich – Hersteller von Traumwagen mussten bereits im Folgejahr einen signifikanten Einbruch bei den Verkaufszahlen registrieren.

Lancia Stratos

Modell	Lancia Stratos
Hubraum/Zylinder	2418 ccm/6 Zyl.
PS/kW	190/140
Bauzeit	1973–1976
Stückzahl	502

Oft entstehen aus Serienfahrzeugen durch Tuning interessante Wettbewerbswagen – die Entwicklung des Stratos ging den umgekehrten Weg: Hier wurde ein Rennsportwagen gezähmt, um ihn straßentauglich zu machen. Bei der Straßenversion kam die Tachonadel bei 230 km/h zum Stillstand. Um Gewicht zu sparen, wurde die Karosserie des Stratos aus Kunststoff gefertigt.

Lancia Delta HF Integrale 16 V

Zweifelsohne begründete das Fulvia-Coupé in den späten 1960er Jahren Lancias große Rallye-Tradition. Mit dem Lancia Stratos und dem legendären Typ 037 holte man sogar die ersten WM-Titel nach Turin, und das Ende der Fahnenstange war längst noch nicht erreicht: Danach gewannen die allradgetriebenen Modelle Delta HF 4 WD und HF 4 Integrale die Markenwertung noch sechsmal!

Modell	Lancia Delta HF Integrale 16 V
Hubraum/Zylinder	1995 ccm/4 Zyl.
PS/kW	210/88 155
Bauzeit	1989–1991
Stückzahl	–

Saab Sonett III

Mit dem 1970 lancierten Sonett III wagte Saab einen letzten Versuch, dieses Modell auf dem Markt zu platzieren. Das gegenüber dem Sonett II optisch und technisch modernisierte Fahrzeug wurde nun mit einem Vierzylinder bestückt und mit einer modernen Knüppelschaltung sowie Leichtmetallfelgen ausgestattet. Der Aufwand hatte sich gelohnt – endlich wurde der Sonett für Saabs Kundschaft interessant.

Modell	Saab Sonett III
Hubraum/Zylinder	1498 ccm/4 Zyl.
PS/kW	65/48
Bauzeit	1970–1974
Stückzahl	8336

Monteverdi Hai 450 GTS

Modell	Monteverdi Hai 450 GTS
Hubraum/Zylinder	6974 ccm/8 Zyl.
PS/kW	390/287
Bauzeit	1973
Stückzahl	–

Als Weiterentwicklung des 1970 gezeigten Einzelstücks Hai 450 SS zeigte Peter Monteverdi drei Jahre später den Hai 450 GTS. Wie sein Vorgänger wurde auch diese Version als Mittelmotor-Sportcoupé ausgelegt, allerdings verfügte der GTS über einen bequemeren Innenraum. Übrigens: Produktionszahlen für die exklusiven Monteverdi-Wagen wurden nie bekannt gegeben.

Chevrolet Corvette Stingray

Modell	Chevrolet Corvette Stingray
Hubraum/Zylinder	5733 ccm/8 Zyl.
PS/kW	220/162
Bauzeit	1974–1982
Stückzahl	–

Nach dem Modellwechsel im Jahr 1974 verabschiedete sich die Corvette von der im Überfluss vorhandenen Leistung – der „Big-Block-Motor" mit 7,4 Litern Hubraum wurde gestrichen. An seiner Stelle rumorte nun ein 5,7-Liter-V8, was den Verkaufszahlen erstaunlicherweise keinen Abbruch tat, denn auch mit diesem Aggregat erreichte der Wagen locker eine Spitzengeschwindigkeit von 200 km/h.

Dodge Viper RT/10 Cabriolet

Als Dodge im Jahr 1989 eine Sportwagenstudie mit dem Namen „Viper" auf diversen Autoshows präsentierte, reagierte das Publikum derart begeistert, dass der Dodge Division nichts weiter übrig blieb, als diesen faszinierenden Zweisitzer in Serie zu bauen. Im Sommer 1992 wurden die ersten – ausschließlich in Rot lackierten – Exemplare ausgeliefert.

Modell	Dodge Viper RT/10 Cabriolet
Hubraum/Zylinder	7990 ccm/10 Zyl.
PS/kW	364/268
Bauzeit	1992–1996
Stückzahl	–

Dodge Viper GTS Coupé

Bereits 1996 wurde dem Roadster eine Coupé-Variante, der GTS, gegenübergestellt. Motortechnisch hatte sich gegenüber dem Roadster nichts geändert, trotzdem war der GTS ein anderer Wagen: Er brachte dank zahlreicher Konstruktionsverbesserungen weit weniger Gewicht auf die Waage, wovon seine Agilität nur profitieren konnte.

Modell	Dodge Viper GTS Coupé
Hubraum/Zylinder	7990 ccm/10 Zyl.
PS/kW	383/282
Bauzeit	1996–2003
Stückzahl	–

Dodge Viper GTS-R

Modell	Dodge Viper GTS-R
Hubraum/Zylinder	7990 ccm/10 Zyl.
PS/kW	750/551
Bauzeit	1996
Stückzahl	–

1996, mit der Einführung des GTS Coupé, wurde auch die Wettbewerbsversion GTS-R Realität; ein Prototyp dieser Variante (hier abgebildet) wurde bereits 1989 vorgestellt. Die bis zu 750 PS starken Wettbewerbsmodelle siegten unter anderem in Le Mans. Anlässlich dieses Erfolges legte Dodge eine entschärfte und auf 100 Einheiten limitierte Coupé-Sonderserie für den Privatfahrer auf.

Vector W2

Der Industriedesigner Gerald Wieger zählt zu den wenigen Menschen auf der Welt, die sich den Traum von der eigenen Automarke erfüllten. Von dem ultraflachen und 375 km/h schnellen Modell W2 (es basiert auf Corvette-Technik und hat zwei Turbolader) sollten in seinem kalifornischen Werk ab 1980 jährlich etwa 300 Einheiten entstehen, ein mehr als unrealistischer Wert.

Modell	Vector W2
Hubraum/Zylinder	5733 ccm/8 Zyl.
PS/kW	600/441
Bauzeit	1980–2000
Stückzahl	–

Honda NSX

Modell	Honda NSX
Hubraum/Zylinder	2977 ccm/6 Zyl.
PS/kW	274/201
Bauzeit	1990–1996
Stückzahl	–

Während der langen Bauzeit des NSX gab es nie einen Grund, im Rahmen der Modellpflege größere kosmetische Eingriffe vorzunehmen. Das Design stimmte von Anfang an. Ein weiterer Grund, weshalb der Sportwagen fast unverändert durch die Jahre ging: Er wurde weitgehend in Handarbeit in einer eigens errichteten „Spezialfabrik" montiert.

Mitsubishi 3000 GT

Modell	Mitsubishi 3000 GT
Hubraum/Zylinder	3000 ccm/6 Zyl.
PS/kW	286/210
Bauzeit	1995–2000
Stückzahl	–

Dank eines temperamentvollen Doppelturbo-Triebwerks erreichte der Mitsubishi 3000 GT eine Höchstgeschwindigkeit von
250 km/h, womit er, als er auf den Markt kam, das schnellste und
stärkste Serienfahrzeug darstellte, das je bei den Japanern vom
Band gelaufen war. Die ab 1995 gefertigte Ausführung ist übrigens an den modernen Ellipsoid-Scheinwerfern zu erkennen.

Nissan Datsun 260 Z

Nach der gelungenen Markteinführung der Z-Baureihe lief im Nissan-Werk Hiratsuka die Produktion bald in drei Schichten rund um die Uhr. Kaufinteressierte mussten kurzfristig sogar Lieferzeiten bis zu zwölf Monaten in Kauf nehmen. Im Wettbewerbssport hatte sich der „Z" mittlerweile auch profilieren können – 1973 gewann er die East African Safari Rallye in Kenia.

Modell	Nissan Datsun 260 Z
Hubraum/Zylinder	2547 ccm/6 Zyl.
PS/kW	126/93
Bauzeit	1975–1979
Stückzahl	–

Nissan 300 ZX T

Im Sommer 1985 schob Nissan eine Turbo-Version des 300 ZX nach: Es war der erste Nissan Z, der die 250-km/h-Marke durchbrach. Bis 1989 fand dieses Modell in Deutschland 3700 Käufer, in den USA gingen allein im Jahr 1984 exakt 73 101 Einheiten an die Händler. Allerdings hatte dieses Baumuster zwischenzeitlich durch die Sportwagen von Toyota, Mazda und Mitsubishi Konkurrenz bekommen.

Modell	Nissan 300 ZX T
Hubraum/Zylinder	2960 ccm/6 Zyl.
PS/kW	240/176
Bauzeit	1985–1989
Stückzahl	–

Nissan Skyline GT R 32

Modell	Nissan Skyline GT R 32
Hubraum/Zylinder	2595 ccm/6 Zyl.
PS/kW	280/206
Bauzeit	1989–1993
Stückzahl	–

Mit dem frühen Skyline der 1960er Jahre haben die ab 1989 gebauten Versionen nichts mehr zu tun; die einst kompakte Limousine mit kleinem 1,5-Liter-Motor hat sich zu einem aggressiven Sportwagen gemausert. Dank des starken Turbomotors wurde das R-32-Coupé in seinem Heimatland auch im Wettbewerbssport eingesetzt, wo es einen Sieg nach dem anderen einfuhr.

Nissan Skyline GT R 34

Modell	Nissan Skyline GT R 34
Hubraum/Zylinder	2595 ccm/6 Zyl.
PS/kW	280/206
Bauzeit	1993–1998
Stückzahl	–

Der Skyline GT R 34 gehörte, wie sein Vorgänger R 32, zu den Automobilen, die ausschließlich für den japanischen Markt bestimmt waren. Der knapp 460 Zentimeter lange Wagen mit Allradantrieb wurde mit einem Sechszylinder-Motor bestückt: Die Leistungsabgabe von 280 PS erreichte exakt den Grenzwert, den die japanischen Behörden für einen Straßensportwagen noch akzeptieren.

Toyota MR 2

1983, zum 25-jährigen Jubiläum der Tokio Motor Show, zeigte Toyota erstmals den Prototypen eines kleinen zweisitzigen Sportwagens mit herausnehmbaren Dachhälften. Die Studie, die damals noch auf den Namen SV-3 hörte, wurde in erstaunlich kurzer Zeit zur Serienreife entwickelt. Bereits 1985 kam der knapp vier Meter lange Zweisitzer als MR 2 auf den Markt.

Modell	Toyota MR 2
Hubraum/Zylinder	1587 ccm/4 Zyl.
PS/kW	124/91
Bauzeit	1985–1990
Stückzahl	–

2000 bis heute

Die schnellsten, teuersten und verrücktesten Modelle
Automarken und ihr Image

Die Zeit, als von den Fließbändern der Automobilhersteller emotionslose Seriensportwagen liefen, scheint seit dem Millennium endgültig der Vergangenheit anzugehören. Immer mehr elegante Roadster, Cabriolets, Coupés und Sportlimousinen buhlen um die Gunst gut situierter Käufer. Dabei ist eines sicher: So viel Wind, wie er uns in den kommenden Jahren um die Nase wehen wird, gab es noch nie. Nach Dekaden, in denen Skeptiker und selbst ernannte Fachleute schon das definitive Ende teurer Sportwagen prophezeiten, stehen wir vor der größten Modellflut PS-starker und luxuriöser Automobile denn je.

Legendäre Modelle vergangener Zeiten bekamen hochmoderne Nachfolger oder traten zumindest ansatzweise in die Fußstapfen ihrer Vorgänger – der Name ist Verpflichtung. Die Hersteller entwickeln, was das Zeug hält, und präsentieren schon frühzeitig erste Studien, die das Design einer kommenden Fahrzeuggeneration erahnen lassen. Ganz so futuristisch wie angekündigt zeigen sich die Serienmodelle in den meisten Fällen dann doch nicht – auch wenn versucht wird, das eine oder andere technische Konzept als absolutes Novum zu verkaufen. So hat es das sogenannte Vario-Klappverdeck – eine Konstruktion zwischen klassischem Verdeck und festem Hardtop – wie vieles andere auch, bereits in den 1930er Jahren gegeben.

Neu hingegen ist die Tatsache, dass seit dem Jahr 2000 Hochleistungssportwagen immer öfter von modernster Werkstoff-Technologie profitieren: Karosserien werden zunehmend aus Kohlefaserwerkstoffen gefertigt und Bremsanlagen erhalten Keramik-Bremsscheiben, um nur zwei Beispiele zu nennen. Auch die dynamische Fahrwerkabstimmung zählt immer häufiger zum Standard. Ohne Zweifel ist hier die Formel-1 das große Vorbild – nicht nur technisch. Von der Optik her orientiert sich der eine oder andere Bolide mittlerweile ebenfalls am Rennsportwagen und der längst abgegriffene Werbeslogan aus den 1960er Jahren: „Nur Fliegen ist schöner.", scheint wohl bald Realität zu werden.

Wer in den letzten Jahren aufmerksam durch die Messehallen der großen internationalen Automobilausstellungen zog, wird vielleicht den einen oder anderen Newcomer unter den Automobilherstellern bemerkt haben. Es gibt kaum eine Fachzeitschrift, die in der Vergangenheit nicht über Nobelmarken wie Fisker oder Pagani berichtet hat. Noch unbekanntere Namen lassen sich auf der in Moskau stattfindenden Millionärs-Show oder einer regelmäßig in Monte Carlo ausgerichteten Luxusmesse finden. Der Vorteil für die Aussteller, die jährlich nur ein paar Dutzend Nobelgefährte (weitgehend in Handarbeit) auf die Räder stellen, liegt bei solchen Messen klar auf der Hand: Hier trifft man den finanzkräftigen Kunden vor der Haustür, und er wartet förmlich darauf, einen neuen Exoten (vielleicht einen Panoz oder Tramontana?) in Empfang nehmen zu dürfen – vorausgesetzt, das Gefährt verfügt über reichlich Zylinder und Leistung im Überfluss.

Die angebliche Forderung der Kundschaft nach immer mehr Motorleistung erfüllen die Sportwagenhersteller mittlerweile problemlos. In beinahe vierteljährlichen Intervallen kommen stets ein paar PS hinzu und dieser Akt scheint allein schon aus Imagegründen sehr wichtig zu sein – das Anheben der Höchst-geschwindigkeit beeinflusst derlei Kunstgriffe nur unbedeutend.

Kurz vor dem Drucktermin geisterten erste Meldungen durch die Presse, dass in den USA ab dem Jahr 2008 das exklusivste Automobil der Welt entstehen würde. Der etwa zwei Millionen Dollar teure Wagen soll alles bisher gebaute in den Schatten stellen, denn für den Antrieb ist ein 16-Zylinder-Motor mit 14 Liter Hubraum vorgeshen – die Leistungsabgabe liegt bei 1200 PS!

BMW Z4 2.5i

Der BMW Z4, der Ende 2002 bereits auf dem US-Markt zu haben war, wird exklusiv im amerikanischen BMW-Werk Spartanburg (4000 Mitarbeiter) für den Weltmarkt gefertigt. Da der Z4 ein sehr komplexes Fahrzeug ist und aus deutlich mehr Teilen besteht als sein Vorgänger, beansprucht allein der Karosseriebau eine Fläche von 19 000 Quadratmetern.

Modell	BMW Z4 2.5i
Hubraum/Zylinder	2494 ccm/6 Zyl.
PS/kW	192/141
Bauzeit	ab 2002
Stückzahl	–

BMW Z4 M Roadster

Modell	BMW Z4 M Roadster
Hubraum/Zylinder	3246 ccm/6 Zyl.
PS/kW	343/252
Bauzeit	ab 2006
Stückzahl	–

Der Z4 M Roadster ist mit einer drehzahlfühlenden variablen Differenzialsperre ausgerüstet – bei sportlicher Fahrweise hilft sie dem Routinier, die positiven Eigenschaften des Heckantriebs zu verstärken. Bei unwirtlichen Bedingungen, wie sie vor allem im Winter häufig vorkommen, macht dieses intelligente System den Z4 M Roadster zu einem besonders traktionsstarken Wagen.

BMW Z8

Mit dem zweisitzigen Sportwagen Z8 ist BMW durchaus eine moderne Interpretation des klassischen Modells 507 gelungen. Wie das Original der 1950er Jahre begeistert der Z8 ebenfalls mit einer harmonisch proportionierten Idealfigur: 440 Zentimeter Länge; 183 Zentimeter Breite und 131 Zentimeter Höhe.

Modell	BMW Z8
Hubraum/Zylinder	4941 ccm/8 Zyl.
PS/kW	400/294
Bauzeit	2000–2003
Stückzahl	5700

Modell	BMW M3
Hubraum/Zylinder	3246 ccm/6 Zyl.
PS/kW	343/252
Bauzeit	2000–2006
Stückzahl	–

58 000 DM kostete ein M3 im Jahr seiner Markteinführung 1986. Dennoch war es kein Problem, einen Wagen dieser Preisklasse an den Kunden zu bringen. Bis heute hat sich daran nichts geändert. Die Faszination, die der M3 ausstrahlt, ist nach wie vor ungebrochen. Zum Vergleich: Das ab dem Jahr 2000 gebaute M3-Coupé kostete in der Grundausstattung etwa 100 000 DM.

BMW M3 Cabrio

Modell	BMW M3 Cabrio
Hubraum/Zylinder	3246 ccm/6 Zyl.
PS/kW	343/252
Bauzeit	ab 2001
Stückzahl	–

Für 2001 musste das M3-Cabrio zwar ein Facelifting über sich ergehen lassen, doch geschadet hat ihm der Eingriff nicht – die gestraffte Gürtellinie lässt den 250 km/h schnellen Wagen noch kräftiger und muskulöser erscheinen. Die Leistung des Sechszylinder-Triebwerks wird übrigens per Sechsgang-Getriebe an die breiten Räder (vorn 225/45 ZR 18 und hinten 255/40 ZR 18) gebracht.

BMW M3 CSL

Mit dem auf dem Genfer Salon 2003 präsentierten M3 CSL hat die BMW M GmbH einen beeindruckenden Wagen auf die Räder gestellt, der die Epoche der Leichtbau-Coupés wieder aufleben lässt. Das Konzept des CSL erinnert in allen Punkten an einen klassischen Renntourenwagen, weshalb der in Klein-auflage gefertigte M3 für den Wettbewerbssport geradezu prädestiniert ist.

Modell	BMW M3 CSL
Hubraum/Zylinder	3246 ccm/6 Zyl.
PS/kW	360/265
Bauzeit	ab 2003
Stückzahl	–

BMW M 6

Mit dem neuen M6 präsentiert die BMW M GmbH das 6er-Luxuscoupé in seiner sportlichsten Ausprägung. Dieser M 6 ist der edelste und stärkste 6er, den es je gab: 5 Liter Hubraum, zehn Zylinder! Im Unterschied zu seinen in der Regel zweisitzigen Wettbewerbern bietet der M 6 den Komfort eines 2+2-Sitzers sowie die luxuriöse Ausstattung eines typischen BMW der Oberklasse.

Modell	BMW M 6
Hubraum/Zylinder	4999 ccm/10 Zyl.
PS/kW	507/373
Bauzeit	ab 2004
Stückzahl	–

Mercedes-Benz SL 55 AMG

Modell	Mercedes-Benz SL 55 AMG
Hubraum/Zylinder	5439 ccm/8 Zyl.
PS/kW	500/368
Bauzeit	2001–2005
Stückzahl	–

Äußerlich unterscheidet sich der auf der Frankfurter IAA 2001 vorgestellte AMG-Roadster vom SL 500 durch markantere Stoßfänger und Seitenschweller. Unter seiner Haube arbeitet ein 5,5-Liter-Aggregat, das den Spurt von 0 auf 100 km/h in 4,7 Sekunden absolviert – die elektronisch begrenzte Höchstgeschwindigkeit beträgt 250 km/h.

Mercedes-Benz SL 65 AMG

Der SL 65 AMG, der ab etwa 206 100 Euro zu haben ist, feierte auf dem Genfer Salon 2006 seine Weltpremiere. Er wird von einem AMG-6-Liter-V12-Biturbomotor befeuert und beschleunigt dank 612 Pferdestärken in 4,2 Sekunden aus dem Stand auf Tempo 100. Die Höchstgeschwindigkeit ist elektronisch auf 250 km/h begrenzt.

Modell	Mercedes-Benz SL 65 AMG
Hubraum/Zylinder	5980 ccm/12 Zyl.
PS/kW	612/450
Bauzeit	ab 2006
Stückzahl	–

Mercedes-Benz SLR McLaren

Modell	Mercedes-Benz SLR McLaren
Hubraum/Zylinder	5439 ccm/8 Zyl.
PS/kW	626/460
Bauzeit	ab 2003
Stückzahl	–

Mit dem SLR McLaren dokumentieren die Stuttgarter Automobil-
bauer und ihr Formel-1-Partner McLaren ihre langjährige Erfahrung
bei der Entwicklung und Produktion von Hochleistungs-Sportwagen.
Der Zweisitzer mit den markanten Flügeltüren setzt den Mythos
der legendären SLR-Rennsportwagen aus den 1950er Jahren fort.

Opel Speedster Turbo

Modell	Opel Speedster Turbo
Hubraum/Zylinder	2200 ccm/4 Zyl.
PS/kW	200/147
Bauzeit	2003–2005
Stückzahl	–

Für Speedster-Fans, die besonders sportlich fahren wollten, hielt Opel ab dem Jahr 2003 die Version „Speedster Turbo" bereit. Deren Fahrleistungen bewegen sich bei einem Maximum an Laufruhe trotzdem auf absolutem Sportwagen-Niveau: Die Turbo-Power katapultiert den kompakten und ultraflachen Zweisitzer in 4,9 Sekunden auf eine Geschwindigkeit von 100 km/h.

Porsche 911 Turbo Cabriolet

Unter den Cabriolets gibt es ab 2003 ein neues Highlight: Üppige Lufteinlässe an Bug und Flanken signalisieren, dass nach 14 Jahren wieder ein offener Porsche Turbo zu haben ist. Der Motor des Sportlers wird von zwei Ladern beatmet – damit ist der Sprint zur 100-km/h-Marke nach 4,3 Sekunden beendet. Die 160-km/h-Marke erreicht er innerhalb von 9,5 Sekunden, und erst bei 305 km/h endet sein Vorwärtsdrang.

Modell	Porsche 911 Turbo Cabriolet
Hubraum/Zylinder	3600 ccm/6 Zyl.
PS/kW	420/309
Bauzeit	ab 2003
Stückzahl	–

Porsche 911 GT 2

Modell	Porsche 911 GT 2
Hubraum/Zylinder	3600 ccm/6 Zyl.
PS/kW	462/340
Bauzeit	ab 2003
Stückzahl	–

Der 315 km/h schnelle Porsche GT 2 (Baureihe 996) rundet das Leistungsspektrum nach oben ab. Der Motor dieses für den Straßeneinsatz gebauten Modells basiert auf dem im Rennsport erprobten Aggregat des 911 GT 1. Dem ersten GT 2 im Jahre 2000 (420 PS) folgte drei Jahre später eine überarbeitete Variante mit noch mehr Biss.

Porsche 911 GT 3

Mehr Leistung bei gleichem Hubraum und gleichem Verbrauch – so liest sich die Entwicklungsformel für den 911 GT 3 der zweiten Generation. Der GT 3, der seit Frühjahr 2003 die Modellpalette der Marke ergänzt, ist das Konzentrat aus einem halben Jahrhundert Porsche Motorsport. Ein Sportwagen pur: mit allen klassischen Tugenden dieser Fahrzeugart und unter Verzicht auf alles, was das reine Fahrerlebnis trüben könnte.

Modell	Porsche 911 GT 3
Hubraum/Zylinder	3600 ccm/6 Zyl.
PS/kW	381/280
Bauzeit	ab 2003
Stückzahl	–

Porsche 911 GT 3 RS

Modell	Porsche 911 GT 3 RS
Hubraum/Zylinder	3596 ccm/6 Zyl.
PS/kW	381/280
Bauzeit	ab 2003
Stückzahl	–

Mit einer weiteren 911-Version namens GT 3 RS setzte Porsche 2003 die Modell-Offensive fort – das Kürzel „RS" lässt die Herzen von Motor-Sport-Freunden höher schlagen. Der etwa 120 800 Euro teure RS bringt es auf eine Spitze von 306 km/h und benötigt für den Sprint auf 100 km/h 4,4 Sekunden. Porsche plant, den generell weiß lackierten Wagen (Schriftzüge in Rot oder Blau) mindestens 200-mal zu bauen.

Porsche Carrera GT

Schon die Optik des Carrera GT spiegelt seine Leistungsfähigkeit als kompromissloser Supersportler wider. Doch anders als bei Rennsport-Prototypen berücksichtigt das Design die stilistische Verwandtschaft zu den Serienfahrzeugen und erinnert in bestimmten Details an die legendären Porsche-Rennfahrzeuge. So greift das typische Porsche-Gesicht die Form des 718 RS Spyder der 1960er Jahre auf.

Modell	Porsche Carrera GT
Hubraum/Zylinder	5733 ccm/V 10 Zyl.
PS/kW	612/450
Bauzeit	2003
Stückzahl	–

Volkswagen Golf R 32

Zum Start der vierten GTI-Generation (1998 bis 2003) brachte Volkswagen seinen Evergreen erstmals mit einer vollverzinkten Karosserie heraus. 2001 – zum 25-jährigen GTI-Jubiläum – erschien ein 180 PS starkes Turbo-Sondermodell, dessen Leitungsabgabe von der des Golf R 32 noch im selben Jahr getoppt wurde: Mit 241 PS war der R 32 der bis dahin stärkste Golf aller Zeiten.

Modell	Volkswagen Golf R 32
Hubraum/Zylinder	3189 ccm/6 Zyl.
PS/kW	241/177
Bauzeit	2001–2003
Stückzahl	–

Ascari KZ 1

Modell	Ascari KZ 1
Hubraum/Zylinder	4941 ccm/8 Zyl.
PS/kW	500/368
Bauzeit	ab 2005
Stückzahl	max. 50

Ein niederländischer Initiator und Sportwagenenthusiast lässt seit 2005 in Großbritannien einen besonders exklusiven Sportwagen, den Ascari KZ 1, auf die Räder stellen. Lediglich 50 Exemplare werden in Handarbeit gefertigt, und wer eines davon sein Eigen nennen möchte, ist mit etwa 350 000 Euro dabei. Karosserie und Chassis bestehen übrigens aus Carbon, als Triebwerk dient ein V8-Motor von BMW, die Spitze liegt bei ca. 320 km/h.

Aston Martin DB AR 1

Die Ähnlichkeit des DB AR 1 Zagato zu seinem geschlossenen Gegenstück, dem Vantage Zagato, war nicht von der Hand zu weisen – dieser kernige Roadster gehörte zur DB-7-Familie. Ursprünglich begann seine Karriere als Concept-Car, das im Januar 2003 erstmals in Los Angeles gezeigt wurde. Auf Grund der positiven Resonanz entschloss sich Aston Martin, diesen 298 km/h schnellen Wagen in einer Kleinserie aufzulegen.

Modell	Aston Martin DB AR 1
Hubraum/Zylinder	5935 ccm/12 Zyl.
PS/kW	440/324
Bauzeit	ab 2003
Stückzahl	40

Aston Martin DB 9 Coupé

Modell	Aston Martin DB 9 Coupé
Hubraum/Zylinder	5935 ccm/12 Zyl.
PS/kW	457/336
Bauzeit	ab 2004
Stückzahl	–

Der Aston Martin DB 9 sieht nicht nur hypermodern aus – er entsteht auch in einer ebenso modernen und neuen Werksanlage im britischen Gaydon. Die wie aus einem Guss wirkende Karosserie lässt den flachen 2+2-Sitzer schon im Stand schnell aussehen, und das ist er auch: 300 km/h sind mit dem kräftigen Sechs-Liter-Triebwerk locker zu erreichen. Je nach Ausstattung kostet der Spaß etwa 155 000 Euro.

Bristol Fighter

Modell	Bristol Fighter
Hubraum/Zylinder	7996 ccm/10 Zyl.
PS/kW	558/410
Bauzeit	ab 2004
Stückzahl	–

Im Jahre 2002 war der Bristol Fighter noch eine Designstudie. Unter seiner leichten Aluminiumkarosserie mit nach oben schwingenden Flügeltüren fand man die Technik der Dodge Viper – zwei Jahre später, als der 340 km/h schnelle Fighter in Serie ging, hat sich an der Kombination von britischem Understatement und amerikanischer Motorentechnik nichts geändert.

Caterham Seven CSR

Die im britischen Dartford bei London angesiedelte Caterham Cars Ltd. baut lange schon den früheren Lotus Seven weiter. Seit 1990 wurde der offizielle Seven-Nachfolger mehrfach optimiert und technisch verfeinert. Neben den 106 PS und 122 PS starken Modellen ergänzte man 2004 die Baureihe um die noch stärkeren CSR-Modelle (203 PS und 264 PS) – sie laufen bis zu 250 km/h.

Modell	Caterham Seven CSR
Hubraum/Zylinder	2261 ccm/4 Zyl.
PS/kW	264/194
Bauzeit	ab 2004
Stückzahl	–

Jaguar XKR Silverstone

Zur Freude sportlich ambitionierter Fahrer präsentierte Jaguar auf dem Genfer Salon 1998 den XK erstmals als Kompressorvariante. Dieses XKR genannte Modell ließ sich äußerlich an zwei geschlitzten Einsätzen auf der Motorhaube erkennen. Im Jahre 2000 erschien mit dem XKR Silverstone eine auf 200 Fahrzeuge limitierte Sonderserie, deren Lackierung ausschließlich in der Farbe „Platinum" erfolgte.

Modell	Jaguar XKR Silverstone
Hubraum/Zylinder	3996 ccm/8 Zyl.
PS/kW	363/267
Bauzeit	2000
Stückzahl	200

Modell	Jaguar XKR 100
Hubraum/Zylinder	3996 ccm/8 Zyl.
PS/kW	363/267
Bauzeit	2001
Stückzahl	500

Im September 2001 wäre Jaguar-Gründer Sir William Lyons 100 Jahre alt geworden. Anlässlich dieses bedeutenden Geburtstages brachte das Werk mit dem XKR 100 ein mit einem Kompressormotor bestücktes Sondermodell auf den Markt. Das 250 km/h schnelle Coupé war in Deutschland damals für 195 000 DM zu haben, die Cabriolet-Version kostete 205 000 DM.

Jaguar XKR Coupé

Modell	Jaguar XKR Coupé
Hubraum/Zylinder	4196 ccm/8 Zyl.
PS/kW	416/306
Bauzeit	ab 2007
Stückzahl	–

Mit dem im Sommer 2006 präsentierten XKR ergänzt Jaguar die erfolgreiche XK-Baureihe um ein weiteres Modell. Es ist als Coupé (ab 94 990 Euro) und außerdem als Cabriolet (ab 102 990 Euro) zu haben und mit einem Kompressor-motor ausgestattet. Die Sechs-Stufen-Automatik wird über moderne Schaltwippen betätigt und sorgt dafür, dass der XKR den Sprint von 0 auf 100 km/h in 5,2 Sekunden schafft.

Lotus Elise Sport Racer

Limitierte Sonderserien übten schon immer ihren speziellen Reiz auf Automobilsammler aus. Die Besonderheiten des Sport Racer sind vor allem seine auffällige Lackierung in Arden-Rot mit weißen Streifen sowie schwarze Ledersitzbezüge. Ein neu abgestimmtes Fahrwerk, eine neue Pedalerie und extra leichte Alufelgen runden die Ausstattung ab.

Modell	Lotus Elise Sport Racer
Hubraum/Zylinder	1796 ccm/4 Zyl.
PS/kW	192/141
Bauzeit	2005
Stückzahl	199

Lotus Exige

Modell	Lotus Exige
Hubraum/Zylinder	1796 ccm/4 Zyl.
PS/kW	192/141
Bauzeit	ab 2005
Stückzahl	–

Der Exige ist – am einfachsten interpretiert – die Coupé-Version des erfolgreichen Lotus Elise. Er basiert ebenfalls auf einem Leichtmetall-Chassis, und der Motor liegt quer vor der Hinterachse. In der Grundversion erhält das 380 Zentimeter kompakte Spaßmobil 192 PS Leistung, die etwas bissigere Kompressor-Variante hat 220 Pferdestärken aufzuweisen.

Morgan Aero 8

Im Rahmen der Modellpflege erhielten alle ab 2004 gefertigten Aero 8 einige kosmetische Veränderungen: Käufer dieser Ausführung profitierten von einem leicht verbreiterten Innenraum sowie mehr Kofferraumvolumen. Um amerikanischen Zulassungsbedingungen entsprechen zu können, bedurfte es außerdem einiger motortechnischer Eingriffe.

Modell	Morgan Aero 8
Hubraum/Zylinder	4398 ccm/8 Zyl.
PS/kW	330/243
Bauzeit	2004–2006
Stückzahl	ca. 120

Morgan V6

Bis zum Produktionsende im Jahr 2004 konnte Morgan seinen Klassiker, den „+8", etwa 6000-mal absetzen. Der Nachfolger, der seit dem Sommer 2006 nun die Werkshallen in Malvern Link verlässt, trägt den Namen Morgan V6 und wird weiterhin mit der Karosserie des „+8" bestückt. Allerdings arbeitet unter der langen Motorhaube anstelle des Achtzylinders nun ein Sechszylinder von Ford.

Modell	Morgan V6
Hubraum/Zylinder	2967 ccm/6 Zyl.
PS/kW	226/166
Bauzeit	ab 2004
Stückzahl	–

Modell	Noble M 12 GTC
Hubraum/Zylinder	2968 ccm/6 Zyl.
PS/kW	290/216
Bauzeit	ab 2000
Stückzahl	–

Lee Noble, seines Zeichens Wettbewerbsfahrer, Rennsportexperte und Tüftler, machte sich 1985 selbstständig. Er befasste sich zunächst mit der Optimierung diverser Sportwagen. Im Hintergrund stand bereits die Idee eines eigenen Automobils – dieser Traum wurde 1999 mit dem M 10 Realität. Ein Jahr später bereicherte dann der erste in Kleinserie hergestellte Nobel (M 12) den Sportwagenmarkt.

TVR Tuscan

TVRs Sportmodell, der über 255 km/h schnelle Tuscan, wurde der Öffentlichkeit bereits 1996 im Prototypenstadium gezeigt – seine Serienproduktion lief vier Jahre später an. Die leichte Kunststoffkarosserie ruht auf einem soliden Stahlrohrrahmen mit 236 Zentimetern Radstand. Der Tuscan wird in mehreren Leistungsstufen mit 3,6-Liter- und 4,0-Liter-Motor angeboten.

Modell	TVR Tuscan
Hubraum/Zylinder	3605 ccm/6 Zyl.
PS/kW	355/261
Bauzeit	ab 2000
Stückzahl	–

Bugatti EB 16.4 Veyron

Modell	Bugatti EB 16.4 Veyron
Hubraum/Zylinder	7993 ccm/16 Zyl.
PS/kW	1001/736
Bauzeit	ab 2005
Stückzahl	–

Laut Herstellerangaben ist der Veyron 16.4 der innovativste Hochleistungssportwagen der Welt. Das über 400 km/h schnelle Sportcoupé wird von einem 16-Zylinder-Mittelmotor mit vier Turboladern angetrieben. Das Aggregat leistet 1001 PS – portioniert wird die gewaltige Kraft von der „schnellsten Schalteinheit der Welt", einem speziellen Direktschaltgetriebe mit sieben Vorwärtsgängen.

Alfa Romeo 8c Competizione

Modell	Alfa Romeo 8c Competizione
Hubraum/Zylinder	4244 ccm/8 Zyl.
PS/kW	400/294
Bauzeit	2005
Stückzahl	Einzelstück

Dieser zweisitzige Prototyp, vom Centro Stile Alfa Romeo entworfen, soll zu einer echten Ikone der Marke werden – sein Karosserieaufbau besteht aus Karbonfiber. Das mit 190 Zentimetern sehr breit geratene Fahrzeug erinnert ein wenig an den legendären 33er Stradale, ist bei einer Höchstgeschwindigkeit von mindestens 300 km/h aber deutlich schneller.

Alfa Romeo Brera

Mit dem Brera-Coupé setzt Alfa Romeo die Tradition berühmter Modelle wie des 1900 SS, des Giulietta Sprint oder der Alfetta fort. Das 441 Zentimeter lange und 137 Zentimeter flache Coupé wird in mehreren Leistungsstufen einschließlich einer Allrad-Version angeboten. Seine Höchstgeschwindigkeit schwankt je nach Motorisierung zwischen 222 km/h und 240 km/h.

Modell	Alfa Romeo Brera
Hubraum/Zylinder	2198 ccm/4 Zyl.
PS/kW	185/136
Bauzeit	ab 2006
Stückzahl	–

Antas V8

Modell	Antas V8
Hubraum/Zylinder	4719 ccm/8 Zyl.
PS/kW	310/228
Bauzeit	ab 2004
Stückzahl	–

Die italienische Firma Faralli & Mazzanti, die sich seit Jahren mit der Restauration edler Oldtimer und der Veredlung exklusiver Alltagsautomobile befasst, stellt mit dem Antas V8 mittlerweile ein selbst konstruiertes und in Handarbeit gebautes Automobil auf die Räder. Unter dem modern interpretierten Design eines Klassikers arbeitet übrigens ein Maserati-Motor – die Kraftquelle reicht aus für 270 km/h.

Ferrari Enzo Ferrari

Das Modell „Enzo Ferrari" (hausintern „FX") wurde nur an ausgewählte Kunden abgegeben, die bereits einen Ferrari ihr Eigen nennen konnten. Der Abgabepreis des 355 km/h schnellen Sportgerätes lag bei etwa 612 000 Euro. Ursprünglich war der Enzo als limitierte Serie von 349 Stück angekündigt worden – auf Grund der großen Nachfrage stellte das Werk aber weitere 50 Einheiten auf die Räder.

Modell	Ferrari Enzo Ferrari
Hubraum/Zylinder	5998 ccm/12 Zyl.
PS/kW	660/485
Bauzeit	2002–2004
Stückzahl	399

Ferrari FXX

Der auf dem Modell „Enzo Ferrari" basierende Typ FXX ist nicht für den öffentlichen Straßenverkehr zugelassen! Die glücklichen, vom Werk ausgewählten Besitzer können trotzdem das Gaspedal durchtreten, denn im Anschaffungspreis (ca. 1,5 Millionen Euro) des 350 km/h schnellen Boliden ist ein Fahrertraining auf internationalen Rennstrecken enthalten.

Modell	Ferrari FXX
Hubraum/Zylinder	6262 ccm/12 Zyl.
PS/kW	800/588
Bauzeit	2005–2006
Stückzahl	30

Lamborghini Murciélago

Modell	Lamborghini Murciélago
Hubraum/Zylinder	6192 ccm/12 Zyl.
PS/kW	580/426
Bauzeit	ab 2001
Stückzahl	–

Getreu der Tradition des Hauses hat Lamborghini auch das Modell Murciélago auf den Namen eines Kampfstieres getauft. Der 330 km/h schnelle Murciélago ist ein zweisitziges Coupé, dessen Türen zum Öffnen nach oben schwingen. Er verfügt über einen zentral angeordneten V12-Motor mit Lamborghini-typischem Antriebsstrang: Das Getriebe befindet sich vor dem Motor, dahinter liegen das Differenzial sowie der permanente Allradantrieb.

Lamborghini Murciélago Roadster

Modell	Lamborghini Murciélago Roadster
Hubraum/Zylinder	6192 ccm/12 Zyl.
PS/kW	580/426
Bauzeit	ab 2004
Stückzahl	–

2003 stand der Murciélago Roadster bereits als Concept-Car auf dem Automobilsalon in Detroit. Inzwischen ist der Serienbau des Traumwagens angelaufen. Bei der Entwicklung dieses Fahrzeugs beschränkte sich der Designer Luc Donckerwolke, der bereits das Coupé entworfen hat, nicht darauf, das Dach des Basismodells „abzuschneiden", sondern er verlieh dem Supersportwagen ein eigenständiges Aussehen.

Lamborghini Gallardo

Der 2003 präsentierte Gallardo ist „das schönste Automobil der Welt". So hat es eine internationale Jury, bestehend aus Designern, Automobil- und Kunsthistorikern sowie Fachjournalisten entschieden. „Die erhaltene Auszeichnung", so kommentiert der Präsident von Lamborghini, „ist nicht nur für den Gallardo von großer Bedeutung, sondern ebenso für alle Mitarbeiter von Automobil Lamborghini."

Modell	Lamborghini Gallardo
Hubraum/Zylinder	4961 ccm/10 Zyl.
PS/kW	520/382
Bauzeit	ab 2003
Stückzahl	–

Pagani Zonda C 12

Modell	Pagani Zonda C 12
Hubraum/Zylinder	5987 ccm/12 Zyl.
PS/kW	394/290
Bauzeit	1999–2002
Stückzahl	5

Die in Italien beheimatete Sportwagenmarke Pagani wurde 1992 von dem Argentinier Horacio Pagani gegründet. Zuvor war Pagani für Lamborghini und Ferrari tätig gewesen – sein Spezialgebiet ist die Carbonverarbeitung. Die dabei gewonnenen Erkenntnisse flossen nun in einen Supersportwagen ein, der seinen Namen als Modellbezeichnung tragen sollte: Der Prototyp Pagani Zonda C 12 debütierte 1999.

Pagani Zonda F

Das aktuellste Gefährt der Marke Pagani trägt die Modellbezeichnung Zonda F. Damit ist der italienische Hersteller seinem Grundsatz treu geblieben, das Superauto nach dem gleichnamigen, aus den südamerikanischen Anden wehenden Wind zu benennen. Mit dem Kürzel „F" erinnert man nun doch (es war zunächst nicht geplant) an den verstorbenen Rennfahrer Fangio.

Modell	Pagani Zonda F
Hubraum/Zylinder	7291 ccm/12 Zyl.
PS/kW	602/443
Bauzeit	ab 2005
Stückzahl	–

Spyker C8 Spyder

Modell	Spyker C8 Spyder
Hubraum/Zylinder	4172 ccm/8 Zyl.
PS/kW	400/294
Bauzeit	ab 2005
Stückzahl	–

Im Jahre 2000 reaktivierte der Geschäftsmann Victor R. Muller wieder die holländische Luxusmarke Spyker. Auf der Motor Show in Birmingham präsentierte er mit dem C8 einen Luxussportwagen, der die Tradition von Spyker fortführen soll. Die Rechnung ging auf: Ende 2005 – als die Spyker-Produktion anlief – lagen bereits 191 Bestellungen vor.

Spyker C8 Laviolette

Das erstmals 2001 präsentierte Laviolette-Coupé wird ebenso wie die Spyder-Version von dem 4,2-Liter großen Audi-V8-Motor angetrieben.

Modell	Spyker C8 Laviolette
Hubraum/Zylinder	4172 ccm/8 Zyl.
PS/kW	450/335
Bauzeit	ab 2005
Stückzahl	–

Spyker C 12 La Turbie

Dank einer modernen Chassis-Konstruktion (Aluminium-Space-Frame) bringt der Spyker im Schnitt nur 1295 Kilogramm auf die Waage. In Verbindung mit der aerodynamischen Karosserie ergeben sich hervorragende Beschleunigungswerte: Je nach Motorleistung wird die 100-km/h-Marke nach knapp 4 Sekunden erreicht – die Höchstgeschwindigkeit beträgt etwa 320 km/h.

Modell	Spyker C12 La Turbie
Hubraum/Zylinder	5998 ccm/8 Zyl.
PS/kW	500/373
Bauzeit	ab 2006
Stückzahl	–

Koenigsegg CC 8 S

Modell	Koenigsegg CC 8 S
Hubraum/Zylinder	4600 ccm/V8-Zyl.
PS/kW	655/482
Bauzeit	ab 2002
Stückzahl	–

Ausgerechnet in Schweden, einem Land mit schneereichen Wintern, entsteht der Koenigsegg – ein Supersportwagen für Enthusiasten, die gern etwas anderes als einen Ferrari oder Lamborghini hätten. Christian von Koenigsegg gründete seine Sportwagenschmiede 1993 im südschwedischen Angelholm und präsentierte vier Jahre später bereits den ersten Prototypen des ab 2002 in Serie gebauten Modells „CC".

Koenigsegg CCR

Mit dem Koenigsegg CCR, den die schwedische Sportwagen-manufaktur 2004 auf dem Genfer Automobilsalon zeigte, debütierte ein Straßensportwagen, dessen Tachonadel erst kurz vor der 400-km/h-Markierung zum Stehen kommt. Eine kräftige Leistungsspritze und zahlreiche technische Modifikationen an dem Ford-Motor (unter anderem setzt ein Kompressor die Zylinder mit 1,2 bar unter Druck) sind das Geheimnis des CCR.

Modell	Koenigsegg CCR
Hubraum/Zylinder	4700 ccm/V8-Zyl.
PS/kW	816/600
Bauzeit	ab 2004
Stückzahl	–

Koenigsegg CCX

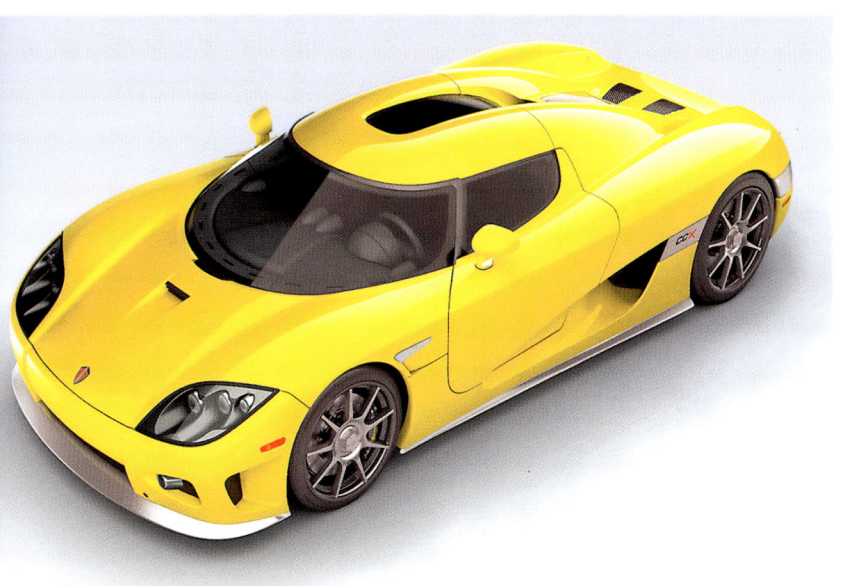

Modell	Koenigsegg CCX
Hubraum/Zylinder	4700 ccm/V8-Zyl.
PS/kW	806/593
Bauzeit	ab 2006
Stückzahl	–

Die Lieferzeit für einen Sportwagen aus dem Hause Koenigsegg beträgt etwa acht bis zwölf Wochen. Je nach Ausstattung und gewünschten Extras beginnt das Fahrvergnügen bei 458 000 Euro (zzgl. Steuern). Schon bei Vertragsabschluss wünscht die schwedische Nobelmarke eine Anzahlung in Höhe von 25 Prozent und weist freundlichst darauf hin, dass der Restbetrag zwei Wochen vor Auslieferung zur Zahlung fällig wird.

Chevrolet Corvette C 6 Cabriolet

Mit einem cw-Wert von 0,28 ist die aktuelle Corvette das aerodynamischste Modell aller Zeiten. Dank der technologischen Möglichkeiten konnten die Linien und Oberflächen glatt gehalten werden. Das schlüssellose Zugangssystem ersetzt beispielsweise die traditionellen mechanischen Griffe an den Türen und der Heckklappe durch Magnetventile und elektronische Stellantriebe.

Modell	Chevrolet Corvette C 6 Cabriolet
Hubraum/Zylinder	5967 ccm/8 Zyl.
PS/kW	405/298
Bauzeit	ab 2004
Stückzahl	–

Chevrolet Corvette Z 06 Cabriolet

Modell	Chevrolet Corvette Z 06 Cabriolet
Hubraum/Zylinder	7011 ccm/8 Zyl.
PS/kW	512/377
Bauzeit	ab 2005
Stückzahl	–

Da die Corvette von Anfang an als ein offenes Auto konzipiert worden ist, wurden im Vergleich zum Coupé keinerlei Kompromisse in Bezug auf den Fahrkomfort, das Handling oder die Leistung gemacht. Das Corvette-Cabrio der sechsten Generation hat ein elektronisches Stoffverdeck das sich in nur 18 Sekunden öffnen bzw. schließen lässt.

Chevrolet Corvette Z 06 Coupé

Das Corvette-Coupé verfügt über ein abnehmbares Dach, das im Kofferraum verstaut werden kann. Das Dachblech ist zwar um 15 Prozent größer als bei den Vorgängermodellen, wiegt jedoch gerade mal 0,45 Kilogramm mehr. Es ist serienmäßig in Wagenfarbe oder als Option mit einem durchsichtig getönten Dachteil erhältlich.

Modell	Chevrolet Corvette Z 06 Coupé
Hubraum/Zylinder	7011 ccm/8 Zyl.
PS/kW	512/377
Bauzeit	ab 2005
Stückzahl	–

Dodge Viper SRT 10 Cabriolet

Modell	Dodge Viper SRT 10 Cabriolet
Hubraum/Zylinder	8277 ccm/10 Zyl.
PS/kW	517/380
Bauzeit	ab 2002
Stückzahl	–

Als 2002 die ersten Viper-Cabriolets der dritten Generation – nunmehr unter der Regie des Daimler-Chrysler-Konzerns – gefertigt wurden, war die Faszination dieses ultimativen amerikanischen Sportwagens nach wie vor ungebrochen. Neben den Farbtönen Rot und Schwarz wurde die Farbpalette inzwischen um Gelb und einige andere Nuancen bereichert.

Dodge Viper SRT 10 Coupé

Modell	Dodge Viper SRT 10 Coupé
Hubraum/Zylinder	8277 ccm/10 Zyl.
PS/kW	517/380
Bauzeit	ab 2005
Stückzahl	–

Zur Freude der Viper-Fans erschien zum Genfer Salon des Jahres 2005 endlich das lang erwartete SRT 10 Coupé. Waren schon alle Vorgängermodelle für absolute Höchstleistungen bekannt, so lohnte es sich, die technischen Daten erneut zu studieren: Der Sprint zur 100-km/h-Marke ist in knapp 4 Sekunden erledigt, die Höchstgeschwindigkeit beträgt 306 km/h!

Ford Mustang Shelby GT 500

„Supercharged" – also per Kompressorkraft unterstützt, erreicht der von Carroll Shelby modifizierte Mustang beachtliche 270 km/h. Die vielen zusätzlichen Pferdestärken, von denen dieses mit einer hinteren Starrachse ausgestattete Modell profitiert, erledigen den Spurt von 0 auf 100 km/h deshalb in nur 4,7 Sekunden.

Modell	Ford Mustang Shelby GT 500
Hubraum/Zylinder	5409 ccm/8 Zyl.
PS/kW	482/355
Bauzeit	ab 2006
Stückzahl	–

Ford GT 40

Modell	Ford GT 40
Hubraum/Zylinder	5409 ccm/8 Zyl.
PS/kW	550/410
Bauzeit	ab 2003
Stückzahl	–

Das im Januar 2002 auf der Detroit Motor Show vorgestellte Ford GT 40 Concept-Car wird seit 2003 als Serienmodell produziert. Der GT 40 bereicherte pünktlich zum 100jährigen Bestehen des Unternehmens den Sportwagenmarkt und ergänzt die Serie der „Living Legends" von Ford, zu denen auch die Modelle Thunderbird und Mustang zählen.

Mosler MT 900

Der knapp 400 Zentimeter lange und nur 113 Zentimeter hohe Mosler-Sportwagen ist im sonnigen Florida zu Hause und macht sich auf europäischen Straßen mehr als rar. Trotzdem wäre es kein Problem, diesen Exoten hier zu pflegen und zu warten: Sein Getriebe tut auch Dienst im Porsche 911, und die Motortechnik dürfte jedem Chevrolet-Corvette-Mechaniker bekannt vorkommen.

Modell	Mosler MT 900
Hubraum/Zylinder	5665 ccm/8 Zyl.
PS/kW	435/320
Bauzeit	ab 2005
Stückzahl	–

Panoz Esperante

Donald Panoz hat zuerst mit Nikotin-Pflastern Geld verdient und es anschließend in den Automobilbau investiert. Seit 1999 stellt der Sohn eines italienischen Einwanderers in den USA hochkarätige Sportwagen auf die Räder. Einige seiner unkonventionellen Modelle werden im Wettbewerbssport (Le Mans) eingesetzt, andere – wie der Esperante – bereichern als Straßensportwagen das Straßenbild.

Modell	Panoz Esperante
Hubraum/Zylinder	4601 ccm/8 Zyl.
PS/kW	309/227
Bauzeit	ab 1999
Stückzahl	–

Panoz Esperante GTLM Coupé

Modell	Panoz Esperante GTLM Coupé
Hubraum/Zylinder	4601 ccm/8 Zyl.
PS/kW	420/309
Bauzeit	ab 2001
Stückzahl	–

Große Unterschiede zwischen den Esperante-Modellen gibt es – von der Motorleistung abgesehen – eigentlich nicht: Diese Sportwagen werden mit einem V8-Motor von Ford bestückt und bringen ihre Kraft über ein manuelles Fünfganggetriebe an die Hinterachse. Der Esperante GTLM wird zusätzlich von einem Turbolader unterstützt und erreicht eine Spitze von 289 km/h (Esperante = 249 km/h).

Panoz Esperante GTLM Cabriolet

Modell	Panoz Esperante GTLM Cabriolet
Hubraum/Zylinder	4601 ccm/8 Zyl.
PS/kW	420/309
Bauzeit	ab 2002
Stückzahl	–

Dank eines leichten Rahmens aus Aluminiumprofilen bringt der Esperante lediglich 1115 Kilogramm auf die Waage und erreicht so die 100-km/h-Marke nach 5 Sekunden. Damit die Exklusivität eines Panoz-Automobils gewahrt bleibt, werden laut Herstellerangaben pro Jahr maximal 30 Einheiten auf die Räder gestellt. Zu haben ist das Fahrvergnügen ab 121 000 US-Dollar.

Saleen S7

Die Saleen Inc. wurde 1983 von dem Kalifornier Steve Saleen gegründet und ist nicht nur in den USA für aggressivstes Fahrzeugtuning (hauptsächlich an Ford-Mustang-Modellen) bekannt. Außerdem entstehen in der Sportwagenschmiede reinrassige Rennwagen wie der Typ SR7. Von diesem Modell, das 2001 in Le Mans für Gesprächsstoff sorgte, gibt es mittlerweile zum stolzen Preis von etwa 400 000 US-Dollar auch eine „zahme" Straßenversion.

Modell	Saleen S7
Hubraum/Zylinder	7000 ccm/V8-Zyl.
PS/kW	549/404
Bauzeit	ab 2002
Stückzahl	–

Saleen S7 Turbo

Modell	Saleen S7 Turbo
Hubraum/Zylinder	7000 ccm/V8-Zyl.
PS/kW	760/559
Bauzeit	ab 2005
Stückzahl	–

Der Saleen S7, ein komplett eigenständig entwickelter Hochleistungssportwagen mit Gitterrohrrahmen und Kohlefaser-
Karosserie soll laut Herstellerangaben schon bald den europäischen Markt bereichern und Ferrari und Porsche das Fürchten
lehren. Der nur knapp 1 Meter hohe, aber fast 2 Meter breite
Bolide erreicht locker eine Spitze von 350 km/h – die 100-km/h-
Marke wird nach 3,6 Sekunden geknackt.

Lexus SC 430

Um eine neue Baureihe hochwertiger Luxusmodelle angemessen auf dem Markt – vor allem auf dem amerikanischen –
platzieren zu können, gründete Toyota in den 1980er Jahren
die hauseigene Marke „Lexus". Neben diversen Limousinen
zeigte man 1999 den Prototyp eines Cabriolets mit klappba-
rem Blechdach – zwei Jahre später ging die Studie als SC 430 in
Serie.

Modell	Lexus SC 430
Hubraum/Zylinder	4293 ccm/8 Zyl.
PS/kW	286/211
Bauzeit	2001–2005
Stückzahl	–

Nissan 350 Z Coupé

Modell	Nissan 350 Z Coupé
Hubraum/Zylinder	3498 ccm/6 Zyl.
PS/kW	280/206
Bauzeit	ab 2002
Stückzahl	–

Die erste Studie des 350 Z stand 1999 auf der Detroit Motor Show. Sie erweckte die gewünschte Aufmerksamkeit, wurde aber – weil als zu retrolastig empfunden – wieder verworfen. Mit Unterstützung des Nissan-Präsidenten Carlos Ghosn machten sich im Anschluss daran Nissan-Designstudios in Japan, Deutschland und den USA an den internen Wettstreit um den endgültigen Entwurf.

Nissan 350 Z Roadster

Analog zum Coupé verkörpert auch der 350 Z Roadster den Geist, den Stil und die Tradition der berühmten Z-Baureihe von Nissan. Auch wenn konkrete Arbeiten erst nach der Freigabe für das Coupé begannen, kam die Roadster-Version des Z für die Nissan-Designer nicht überraschend. Schließlich war sie von vornherein im Produktplan festgeschrieben.

Modell	Nissan 350 Z Roadster
Hubraum/Zylinder	3498 ccm/6 Zyl.
PS/kW	280/206
Bauzeit	ab 2005
Stückzahl	–

Subaru Impreza WRX STi

Subaru zeigt, dass es möglich ist, aus einer Limousine ein Sportgerät zu machen. Herzstück des Viertürers ist ein Boxermotor.
Das 2,5-Liter-Aggregat steht in den drei Leistungsstufen 230 PS,
280 PS und 320 PS zur Wahl – letzterer Ausführung wird per Turbolader auf die Sprünge geholfen. Der Power entsprechend liegt
die Höchstgeschwindigkeit des WRX zwischen 230 km/h und
255 km/h.

Modell	Subaru Impreza WRX STi
Hubraum/Zylinder	2457 ccm/4 Zyl.
PS/kW	230/169
Bauzeit	ab 2002
Stückzahl	–

Toyota MR 2 Competition

Modell	Toyota MR 2 Competition
Hubraum/Zylinder	1794 ccm/4 Zyl.
PS/kW	140/103
Bauzeit	2002
Stückzahl	100

Zum Start in die Motorsport-Saison 2002 brachte Toyota eine exklusive und limitierte Sportedition des MR 2 auf den Markt – den MR 2 Competition. Basierend auf dem Serienmodell unterscheidet sich das ausschließlich in „Vulcanorot" lieferbare Sportmodell durch diverse weiße Designapplikationen auf der Haube und an den Seitenteilen.

Register

A

AC Ace Bristol	72
AC Aceca	73
AC Autocraft Cobra	175
AC Cobra 427	74
Alfa Romeo 1900	
Super Sprint	102
Alfa Romeo 2300 Le Mans	47
Alfa Romeo 6 C 1750 Sport	44
Alfa Romeo 6 C 2300 MM	46
Alfa Romeo	
8c Competizione	250
Alfa Romeo Brera	251
Alfa Romeo Disco Volante	103
Alfa Romeo	
Giulia Sprint GT	105
Alfa Romeo	
Giulia Sprint GTA	106
Alfa Romeo	
Giulietta Spider	104
Alfa Romeo R.Z.	188
Alfa Romeo RM Sport	45
Alpine A 110	99
Alpine A 310 (Renault)	183
Antas V8	252
Ascari KZ 1	235
Aston Martin 1.5 Litre	29
Aston Martin DB 2	75
Aston Martin DB 2-4 Mk III	76
Aston Martin DB 4 GT	77
Aston Martin DB 5	78
Aston Martin DB 6 Mk2	79
Aston Martin DB 9 Coupé	237
Aston Martin DB AR 1	236
Aston Martin	
Vantage Le Mans	176
Audi Alpensieger Typ C	18
Audi quattro	148
Audi Sport quattro	149
Austin-Healey 100	80
Austin-Healey 3000 Mk III	81

B

Bentley 4 1/2 Liter Blower	31
Bentley 6 1/2 Liter	30

Bizzarrini GT Strada 5300	107
BMW 2000 CS	57
BMW 2002 turbo	153
BMW 3.0 CSi	58
BMW 327	20
BMW 328	19
BMW 507	56
BMW 850 CSi	152
BMW 850 i	151
BMW M 6	224
BMW M 635 Csi	150
BMW M1	154
BMW M3	155, 221
BMW M3 Cabrio	222
BMW M3 CSL	223
BMW M3 Evo	156
BMW Z1	157
BMW Z4 2.5i	218
BMW Z4 M Roadster	219
BMW Z8	220
Bristol Fighter	238
Bugatti 35 A	41
Bugatti EB 110 SS	182
Bugatti EB 16.4	
Veyron	249
Bugatti Typ 57	42

C

Caterham Seven CSR	239
Chevrolet Corvette	136, 137
Chevrolet Corvette	
C 6 Cabriolet	266
Chevrolet Corvette	
Sting Ray	138, 202
Chevrolet Corvette	
Z 06 Cabriolet	267
Chevrolet Corvette	
Z 06 Coupé	268
Chrysler Imperial	
Speedster	49
Cord 812	51

D

DB Le Mans	100
De Tomaso Panthera	189

Dino 246 GT 108
Dodge Viper GTS Coupé 204
Dodge Viper GTS-R 205
Dodge Viper RT/10
Cabriolet 203
Dodge Viper SRT 10
Cabriolet 269
Dodge Viper SRT 10 Coupé 270
Duesenberg SJ 50

F

Ferrari 250 GT
Cabriolet 112
Ferrari 250 GT
Spyder California 113
Ferrari 250 GT SWB 111
Ferrari 250 GTO 114
Ferrari 275 GTB 115
Ferrari 288 GTO 193
Ferrari 342 America 109
Ferrari 365 GT/4 BB 190
Ferrari 365 GTB/4 116
Ferrari 365 GTS/4 117
Ferrari 375 America 110
Ferrari 512 BB 191
Ferrari Enzo Ferrari 253
Ferrari F 40 194
Ferrari FXX 254
Ferrari Testarossa 192
Fiat 124 Sport Coupé 119
Fiat 508 S Balilla Sport 48
Fiat Abarth 850 TC 118
Fiat Dino Coupé 121
Fiat Dino Spider 120
Ford Capri RS 2600 158
Ford GT 40 142, 272
Ford Mustang 140
Ford Mustang
Shelby GT 500 141, 271
Ford Thunderbird 139
Frazer Nash TT 32

H

Honda NSX 207
Horch 670 21

I

Isdera
Commendatore 112i 160
Isdera Imperator 108i 159
Iso Grifo GL 365 123
Iso Rivolta IR 300 122

J

Jaguar E-Type Series 1 85
Jaguar E-Type Series 3 177
Jaguar SS 100 35
Jaguar SS 1–16 HP Coupé 33
Jaguar SS 2–12 HP 34
Jaguar XJ 220 178
Jaguar XK 120 Roadster 82
Jaguar XK 140 83
Jaguar XK 150 84
Jaguar XKR 100 241
Jaguar XKR Coupé 242
Jaguar XKR Silverstone 240

K

Koenigsegg CC 8 S 263
Koenigsegg CCR 264
Koenigsegg CCX 265

L

Lagonda M 45 36
Lagonda Rapide V 12 37
Lamborghini 350 GT 125
Lamborghini 350 GTV 124
Lamborghini
400 GT 2 + 2 126
Lamborghini
Countach 25 196
Lamborghini
Countach LP 400 195
Lamborghini Diablo 197
Lamborghini Gallardo 257
Lamborghini
Miura P 400 127
Lamborghini
Miura P 400 S 128

Register

Lamborghini		Mercedes-Benz Typ 540 K	27
Miura Spider	129	Mercedes-Benz Typ SS	24
Lamborghini		MG Typ A	93
Murciélago	255	MG Typ TA Midget	38
Lamborghini		MG Typ TC	89
Murciélago Roadster	256	MG Typ TD	90
Lancia Aurelia		MG Typ TF	91
B 24 Spider	131	MG Typ TF 1500	92
Lancia Aurelia GT B 20	130	Mitsubishi 3000 GT	208
Lancia Delta		Monteverdi Hai 450 GTS	201
HF Integrale 16 V	199	Morgan + 4	94
Lancia Stratos	198	Morgan Aero 8	245
Lexus SC 430	279	Morgan Plus 8	95
Lotus Elan S1	87	Morgan Sports	39
Lotus Elise	179	Morgan V6	246
Lotus Elise 340 R	180	Mosler MT 900	273
Lotus Elise Sport Racer	243		
Lotus Europa	88	**N**	
Lotus Exige	244		
Lotus Seven Serie 1	86	Nissan 300 ZX T	210
		Nissan 350 Z Coupé	280
M		Nissan 350 Z Roadster	281
		Nissan Datsun 240 Z	143
Maserati 3500 GT	133	Nissan Datsun 260 Z	209
Maserati A6 GCS	132	Nissan Skyline GT R 32	211
Maserati Indy	134	Nissan Skyline GT R 34	212
Matra Djet V	101	Noble M 12 GTC	247
Mercedes 24/100/140 PS	22		
Mercedes-Benz 190 SL	62	**O**	
Mercedes-Benz 300 SL	59, 60		
Mercedes-Benz		Opel GT	63
300 SL Roadster	61	Opel Speedster Turbo	228
Mercedes-Benz 350 SL	161		
Mercedes-Benz 500 SL	162	**P**	
Mercedes-Benz CLK-GTR	164		
Mercedes-Benz		Pagani Zonda C 12	258
S 26/120/180 PS	23	Pagani Zonda F	259
Mercedes-Benz		Panoz Esperante	274
SL 55 AMG	225	Panoz Esperante	
Mercedes-Benz SL 600	163	GTLM Cabriolet	276
Mercedes-Benz		Panoz Esperante	
SL 65 AMG	226	GTLM Coupé	275
Mercedes-Benz SLR		Peugeot Darl'Mat Sport	43
McLaren	227	Porsche 356	64
Mercedes-Benz SSK	25	Porsche 356 A Cabriolet	65
Mercedes-Benz		Porsche 356 C	
Typ 500 K Spezialroadster	26	Carrera Coupé	66

Porsche 904 GTS 69
Porsche 911 2.0 67
Porsche 911
Carrera 2 Speedster 167
Porsche 911
Carrera 3.2 166
Porsche 911 GT 1 168
Porsche 911 GT 2 230
Porsche 911 GT 3 231
Porsche 911 GT 3 RS 232
Porsche 911
Turbo Cabriolet 229
Porsche 959 169
Porsche Carrera GT 233
Porsche Carrera RS 2.7 165
Porsche Typ 718/8
RS Spyder 68

R

Renault 5 Turbo 186
Renault Alpine V6
GT Turbo 184
Renault Spider 185

S

Saab Sonett III 200
Saleen S7 277
Saleen S7 Turbo 278
Singer 9 HP Le Mans 40
Spyker C 12 La Turbie 262
Spyker C8 Laviolette 261
Spyker C8 Spyder 260
Subaru Impreza
WRX STi 282

T

Toyota MR 2 213
Toyota MR 2
Competition 283
Triumph TR 2 96
Triumph TR 3 A 97
Triumph TR 6 98
TVR S4C 181
TVR Tuscan 248

V

Vector W2 206
Venturi Atlantique 300 187
Veritas 90 SPC 70
Volkswagen Golf GTI 170, 171
Volkswagen Golf GTI
G 60 172
Volkswagen Golf R 32 234
Volkswagen
Scirocco GTI 173
Volkswagen
Scirocco GTI 1.8 16V 174
Volvo P 1900 Sport 135
VW-Porsche 914-6 71

W

Wanderer W 25 K 28

Bildnachweis

Autor und Verlag danken allen, die zum Gelingen dieses Werkes
beigetragen haben. Ein ganz besonderes Dankeschön gilt allen
Oldtimerbesitzern, die ihren Sportwagen für Fotozwecke zur
Verfügung stellten. Außerdem leisteten die Pressestellen der Automobilindustrie einen wertvollen Beitrag – ohne deren
Geduld und Unterstützung bei der Suche nach Bildmaterial
hätten einige Seiten nicht gefüllt werden können.

Hans G. Isenberg aus Fellbach steuerte neben historischem
Fotomaterial auch viele wertvolle Tipps bei und last but not
least engagierten sich die Herren G. Müller-Brunke (Engelsberg) und
A. Glasenapp (Gütersloh) mit exzellenten Bildvorlagen.